论 BIM

黄 强 著

中国建筑工业出版社

图书在版编目（CIP）数据

论 BIM／黄强著. —北京：中国建筑工业出版社，
2016.1（2020.1 重印）
ISBN 978-7-112-18704-1

Ⅰ.①论… Ⅱ.①黄… Ⅲ.①建筑设计—计算机
辅助设计—应用软件 Ⅳ.①TU201.4

中国版本图书馆 CIP 数据核字（2015）第 278328 号

本书在分析 BIM 是什么、BIM 的难点、BIM 与模型、BIM 与软件、BIM 与用户、BIM 与改变、BIM 与创新、BIM 的困惑、IFC-BIM 的基础上，提出了基于工程实践的 BIM 实施方式（P-BIM）及其基本理论。P-BIM 对于"互联网＋建设行业"具有重要意义。

本书可作为工程技术人员及建筑院校师生使用。

责任编辑：王　梅　武晓涛　咸大庆
责任设计：李志立
责任校对：刘　钰　关　健

论 BIM

黄　强　著

*

中国建筑工业出版社出版、发行（北京西郊百万庄）
各地新华书店、建筑书店经销
北京永峥有限责任公司制版
北京盛源印刷有限公司印刷

*

开本：787×1092 毫米　1/16　印张：11¾　字数：283 千字
2016 年 1 月第一版　2020 年 1 月第三次印刷
定价：**30.00 元**
ISBN 978-7-112-18704-1
（27969）

前　言

　　互联网思维是充分利用互联网的精神、价值、技术、方法、规则、机会来指导、处理、创新工作的思想。"互联网＋"是互联网思维的进一步实践成果，它代表一种先进的生产力，推动经济形态不断地发生演变。从而带动社会经济实体的生命力，为改革、创新、发展提供广阔的网络平台。通俗来说，"互联网＋"就是"互联网＋各个传统行业"，但这并不是简单的两者相加，而是利用信息通信技术以及互联网平台，让互联网与传统行业进行深度融合，创造新的发展生态。它代表一种新的社会形态，即充分发挥互联网在社会资源配置中的优化和集成作用，将互联网的创新成果深度融合于经济、社会各领域之中，提升全社会的创新力和生产力，形成更广泛的以互联网为基础设施和实现工具的经济发展新形态。

　　互联网最有价值之处不在于自己生产很多新东西，而是对已有行业的潜力再次挖掘，用互联网的思维去重新提升传统行业。从这个角度去观察，互联网影响传统行业的特点有三点：

1. 打破信息的不对称性格局，竭尽所能透明一切信息。
2. 对产生的大数据进行整合利用，使得资源利用最大化。
3. 互联网的群蜂意志拥有自我调节机制。

　　把人类群体思维模式称为群蜂意志，你可以想象一个人类群体大脑记忆库的建立：最初的时候各个神经记忆节点的搜索路径是尚未建立的，当我们需要反复使用的时候就慢慢形成强的连接。

　　在互联网诞生之前这些连接记忆节点的路径是微弱的，强连接是极少的，但是互联网出现之后这些路径瞬间全部亮起，所有记忆节点都可以在瞬间连接。这样就使人类做整体未来决策有了超越以往的前所未有的体系支撑，基于这样的记忆模式，人类将重新改写各个行业，以及人类的未来。

　　简单而言，"互联网＋"是一种以网络为媒介的新连接，而回顾人类技术发展的历程，进入近现代社会，每一次技术的突破，某种程度上恰是连接的突破。这种连接曾经以电报的发明、电话的出现、飞机的诞生为特征，其影响都在于拉近了人的距离，要么是对地理障碍的克服，实现没有物理位移的联络；要么是此地到彼地抵达的便利，让千山万水不再是难题。进一步看，这种连接不仅仅发生在人与人之间，互联网本质是物与物、点对点的连接，最终，它还打通了人与物的连接，也就是智能操控。可以想象，这一变化会形成怎样的科技、产业、资源配置的巨变，而制定"互联网＋"行动计划，既是对数据时代巨变的因应部署，更是积极地为迎接更波澜壮阔的信息社会作准备。

　　以"互联网＋"深度改造传统行业，促进产业跨界升级，进而助力经济转型升级，是国家大力推进"互联网＋"行动计划的深意所在。通过互联网把原先分散的信息共享起来，能极大提高经济运行的效率，对中国经济是一个很大的机会，也是现在政府大力支持

"互联网+"的一个原因。

这样的改造将在各行各业发生。

在传统建设行业，"互联网+建设行业"将如何发生、由谁主导？在国家大力推进"互联网+"行动计划形势下建设行业应该如何面对？行业各级主管部门如何引导从业者开展"大众创业、万众创新"？这些都是我们不得不认真思考的问题。

Internet（互联网），中文正式译名为因特网。它是由那些使用公用语言互相通信的计算机连接而成的全球网络。因特网（Internet）是一组全球信息资源的总汇。

"互联网+建设行业"，从信息技术角度而言，其实就是利用通信设备和线路将地理位置不同、功能独立的建设行业多个计算机系统互连起来，以功能完善的网络软件（即网络通信协议、信息交换方式及网络操作系统等）实现网络中建设行业资源共享和信息传递的系统。它的功能最主要表现在两个方面：一是实现资源共享（包括硬件资源和软件资源的共享）；二是在用户之间交换信息。其作用是：不仅使分散在网络各处的计算机能共享网上的所有资源，并且为用户提供强有力的通信手段和尽可能完善的服务，从而极大地方便用户。

"互联网+建设行业"，从行业发展角度而言，是让互联网与传统建设行业进行深度融合，以互联网思维创造新的发展生态。提升建设行业的创新力和生产力，形成更广泛的以互联网为基础设施和实现工具的"大众创业、万众创新"行业发展新形态。考虑到科技资源的配置已经全球化，一个企业的竞争力不仅取决于其内生的科技资源，且同时取决于其整合社会化和国际化资源的能力，一个企业甚至一个国家很难在一个产品的整个价值链上都占优势，逼得它只得守住增值最大的一块，能够孤立地开发产品的时代已经成为过去，这已经成为世界制造业的一个常态。

无论从信息技术或行业发展角度来看，"建筑信息模型（BIM）"技术成为实现"互联网+建设行业"必不可少的工具，其实施方式也决定着我国"互联网+建设行业"的成败。

从信息技术角度来看，数字化、虚拟化、智能化技术将贯穿产品的全生命周期。"互联网+建设行业"离不开计算机系统。计算机系统是由计算机硬件和软件两部分组成。硬件包括中央处理器、存储器和外部设备等，软件是计算机的运行程序和相应的文档。目前，我国工程建设全行业以美国IFC-BIM标准实施BIM的计算机系统，其软件是以国外"BIM建模软件"为核心，硬件需要高配置。我们BIM技术研究集中于在国外"BIM建模软件"基础上开发"具有自主知识产权的BIM应用软件"。"皮之不存毛将焉附"，谈何自主知识产权？我国已有十年IFC-BIM研究历史，但IFC-BIM实施方式离满足我国工程实践应用还有很大距离。长此以往，我国"互联网+建设行业"的计算机系统将由国外主导，这不仅存在建设信息安全问题，而且使建设行业丧失"大众创业、万众创新"机会。

从行业发展角度来看，柔性化、网络化、个性化生产将成为制造模式的新趋势。生产力的提高主要源于两个方面：一是生产工具出现革命性变化；二是伴随而来的生产方式和组织模式创新。如今，随着众多新技术涌现，第三次工业革命正向我们走来。在规模化、集中式生产方式不断改进完善的同时，新型的"小手工作坊"又再度崛起，但这种依托互联网新技术的"小手工作坊"迥异于前，它不再是传统意义上的个人单打独斗，而是与外部广泛联系的一个社会化单元，其产品更加个性化、定制化，但创意和制造往往来自全社会的协作。IFC-BIM 是集中式的庞大"BIM 建模软件"的 BIM 实施方式；互联网新技术为传统生产和组织管理模式带来了革命性变化，基于互联网技术的 P-BIM 是分布式的工作岗位（微小）"P-BIM 建模及应用软件"的 BIM 实施方式，为开发自主知识产权的个性化 BIM 建模和应用软件及低配置硬件的"互联网 + 建设行业"计算机系统创造了条件。这有利于传统建设行业的资源更优地配置和创造性技术的发展，拓展了"大众创业、万众创新"的空间。使建设工程产品向更加专业化、个性化、定制化的高端技术发展，使未来的建设行业企业向业务专业化、信息社会化发展。成千上万人投入创业创新不仅会塑造新的建设行业生态格局，也将对社会各方面产生深刻影响，并会推动政府管理理念和方式的创新。

一个国家的发展水平取决于对新技术的整合和应用，不论其通过国内、还是来自国外，且未必都要成为创新的源头。特别是这个创新，有一定的文化的背景，中国还缺乏创新文化的背景，知识及技术外延性范畴扩大，而企业自身知识结构的局限性，使创新的外部优越性得以显现，从内生、封闭的自主创新到联盟式、合作式的协同创新，再到无边界、平台型的开放式创新是一个技术发展的规律。因此开放型的创新将是一个主要选择。

我国建设行业迈向中高端水平必须要有基本依托，这个基本依托就是推动形成"大众创业、万众创新"的新动能。建设行业"双创"的蓬勃发展，会倒逼建设行业企业转型升级，形成传统行业网络化智能化改造浪潮，带动云计算、大数据、物联网等新技术发展，变建设大国为建设强国。

本书在分析 BIM 是什么、BIM 的难点、BIM 与模型、BIM 与软件、BIM 与用户、BIM 与改变、BIM 与创新、BIM 的困惑、IFC-BIM 的基础上，提出了基于工程实践的 BIM 实施方式（P-BIM）及其基本理论。对建筑工程 P-BIM、P-BIM 标准及软件体系做出了规划。并实现了地基设计分 BIM 的 P-BIM 建模及应用软件，编制完成了相应 P-BIM 软件功能及信息交换标准，为 P-BIM 理论的实践应用奠定了基础。

在强大的软件开发商 BIM 攻势面前，P-BIM 目前还显得十分渺小，但却是实现中国"互联网 + 建设行业"的重要手段，整合者得天下，单打独斗式的创新不符合科技发展的潮流。当今国家间、企业间应保持一种竞合关系，你中有我、我中有你，竞争合作才能相互共生，P-BIM 是实现竞合关系的有力工具。

虽然 P-BIM 是新生事物且作者水平有限，但在 BIM 热潮中，有必要将我集中四年时间学习、理解、认识 BIM 的过程与大家共享。也希望读者通过阅读本书能共同探讨 BIM，为实现"互联网 + 建设行业"贡献微薄之力。

感谢中建股份研发中心李云贵博士、北京理正原音院长、斯坦福大学甘嘉恒博士、广州优比咨询公司何关培先生、清华大学张建平教授、中国建研院程志军博士、中建股份毛志兵总工程师在我学习、研究 BIM 过程中给予的无私帮助。

感谢中国 BIM 发展联盟所有常务理事、名誉常务理事、理事们对联盟工作的大力支持。

感谢中国 BIM 发展联盟秘书处、中国建研院标准处全体同事对我工作的大力支持。

本书必然存在许多问题，欢迎大家指正、讨论，谢谢。

目　录

第一章　BIM 是什么

英国《国际 BIM 实施指南》第一版指出：在网上快速搜索术语"建筑信息模型"和"BIM"，其结果超过 150 万个词条。显然，有关 BIM 的信息并不缺乏，面对 BIM 的真正挑战是翻看多如牛毛的信息，以谨慎地洞悉 BIM 定义、原因及实现方式。

加拿大《BIM 调研报告（2011—2012）》（图 1-1）认为 BIM 的最大问题是不认识真正的 BIM 是什么样子。

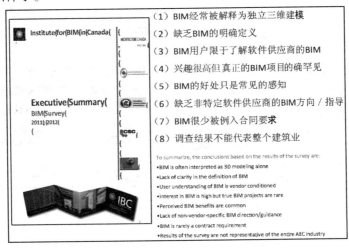

图 1-1　加拿大《BIM 调研报告（2011—2012）》

新西兰《国家 BIM 调查报告（2013）》受访对象对 BIM 呈现出了多元化的认识（图 1-2）。

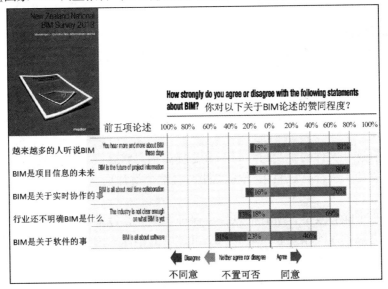

图 1-2　新西兰《国家 BIM 调查报告（2013）》

英国《NBS 国家 BIM 调查报告 (2015)》受访对象对 BIM 呈现出的多元化认识与新西兰基本一致（图 1-3）。

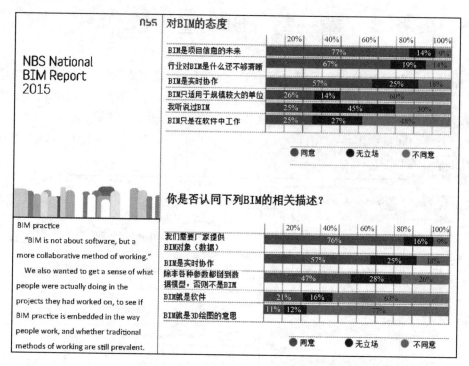

图 1-3　英国《NBS 国家 BIM 调查报告 (2015)》

1. 麦格劳-希尔建筑信息公司 BIM 理念

2009 麦格劳-希尔建筑信息公司 BIM 在中国调研报告（图 1-4）中认为，BIM 最重要的优势主要与下列三个基本理念相关：

(1) 数据库替代绘图

几个世纪以来，设计人员一直在使用绘图和实物模型的方法，向项目决策和最终使用者传递他们的构思。

绘图变成了标准格式文件（平面图、立面图、剖面图以及详图）。通过其他文件的补充（规定施工质量要求、制定具体使用产品或说明制作者实现设计意图的具体方法），一般都能达到目的。

然而，所有这些文件的绘制与编写一直是提高项目整合度和协作度的最大障碍，因为通常情况下，每项工程都有成百上千份文件。对整个设计而言，每份文件都是一个独立、单独的组成部分。

由于没有一个能有效整合所有信息，以保证数据完整性的中央储存库，所以分散的资料必须依靠人力解读才能相互联系成为一个可理解的整体。因此，如何保证各设计科目的协作，如何使设计意图上下沟通畅达，始终是艰巨的挑战。

航空、汽车和造船业所取得的突破性进展表明，将设计归总为数字化数据库，而不是单独的文件，会极大地促进行业的发展。该数据库可作为某种产品（或就 BIM 而言，某个建筑项目的中央数据库）所有实体和功能特征的中央储存库。设计文件依然有用，但通过 BIM，这些文件按需求从数据库中产生，反映最实时的、对项目共享的理解。文件不再是项目首要的、核心的体现；相反，无论何时何地，数据库体现的是"真实的内容"，是可靠、周全的决策基础。因此，文件应是针对特定目的而从数据库中获得的成果。

图 1-4

就 BIM 项目而言，文件当中那些体现着项目全部要素的线条、弧形以及文字，都不是传统意义上"画"出来的；相反，它是通过 BIM 软件中的数据库，使用体现了项目全部要素的"智能构件（intelligent objects）"，以数字方式"建造"而成。因此，我们现在不必再研究那些单个的图样、清单、说明书以及剖面图，或查找某个具体要素的全部资料。换句话讲，所有相关信息都转化成智能构件并存入通往 BIM 的那扇门内。因此，一旦置于 BIM 环境下，它会自动将自身信息加载至所有的平面图、立面图、剖面图、详图、明细表、立体渲染、工程量估计、预算、维护计划等。此外，随着设计的变化，构件能够将自身参数进行调整，以适应新的设计。

因此，一个构件所有的实体和功能特征都储存在数据库中，这为项目团队成员与其技术工具间进行顺畅的信息交换开启了大门，产生了令人振奋的效率，也出现了更加协调的

3

设计和施工。此外，业主得到一份该项目的"数字化备份"，可用于今后几十年的运营和维护。

（2）分布式模型

仅一个 BIM 工具并不能完成所有的工作。目前有两种基本的 BIM 工具类型：创作与分析。BIM 用户目前采用的是一种将创作工具的价值与分析工具的能力相结合的"分布式"方法。

在分布式 BIM 环境下，单独的模型通常由合适的设计单位和施工单位负责制作。这些可能包括：

设计模型——建筑、结构、水暖电和土木/基础设施；

施工模型——将设计模型细分为施工步骤；

施工进度（四维）模型——将工程细分结构与模型中的项目要素联系起来；

成本（五维）模型——将成本与模型中的项目要素联系起来；

制造模型——替代传统的图纸，使用制造模型；

操作模型——为业主模拟运营。

这与当前涉及数量繁多且是单套图纸的零碎做法有着很大不同，因为这些模型都是 BIM 数据库。因此，它们可以被作为一个整体来看待，用以鉴别"冲突"（建筑、结构和水暖电系统间的几何学冲突）。这些冲突可以通过虚拟方式加以解决，从而避免在实际操作中遇到这种问题。

制作工具实现了任何视角或截面的二维或三维图，也可制作标准文件（平面图、立面图、说明图等）。

因为 BIM 数据库保存有各个 BIM 智能对象的信息，它可根据需要将该数据特定的子集"公布"给分析工具。例如，能耗分析工具可获取有关项目场地的方向、玻璃制品、门以及暖通系统性能、设备电器载荷及发热量、外部材料的表面反射性，以及房屋外壳绝缘属性等方面的信息。能耗分析工具已经具备了对太阳年度运行轨迹、温度以及场地附近风力条件的信息，因此它能够对模拟的能耗性能设计解决方案和潜在 LEED 分值进行分析。然后，团队可修改 BIM 并反复测试，直到满意为止。所有的一切都通过数字模式完成，无须手动将来源不同的信息重新输入各个工具。这是一个无缝、快速、高效的过程。

其他分析工具很快就可以开发出来，并进行调整，这些工具包括：

● 模型检查工具——应用用户选择的业务规则，自动检查设计模型，确定有无冲突，是否符合限定、建筑法规等。

● 进度安排——将工程细分结构与相关项目联系起来，以便规划施工顺序。还可产生有动画效果的视觉化程序。

● 估算——将 BIM 要素与成本编码进行匹配，得出施工预测，可制作"视觉评估"。

● 人流量控制——将人的因素引入 BIM 中，如模拟紧急疏散或高峰期电梯排队情景。

随着更多的工具被开发出来，BIM 的功能将获得极大提升。

（3）工具＋流程＝BIM 价值

虽然建模工具为个人用户提供了巨大的优势，但如果利用 BIM 仅仅为了实现"卓越个体"，则低估了 BIM 大规模提升行业整体水平的巨大潜力。美国总承包商协会的 BIM 论坛（www.bimforum.org）将这种二分法相对应地称为"孤独的 BIM"与"社会性 BIM"。

2. 美国《NBIMS》BIM 定义

美国《NBIMS》（图 1-5）将 BIM 定义为：BIM 是一个设施物理和功能特性的数字化表达，BIM 是一个设施有关信息的共享知识资源，从而为其全生命期的各种决策构成一个可靠的基础，这个全生命期定义为从早期的概念一直到拆除。

BIM 的一个基本前提是项目全生命期内不同阶段不同利益相关方的协同，包括在 BIM 中插入、获取、更新和修改信息以支持和反应该利益相关方的职责。BIM 是基于协同性能公开标准的共享数字表达。

美国国家 BIM 标准是国际 buildingSMART 信息交付手册（IDM）计划的一部分。

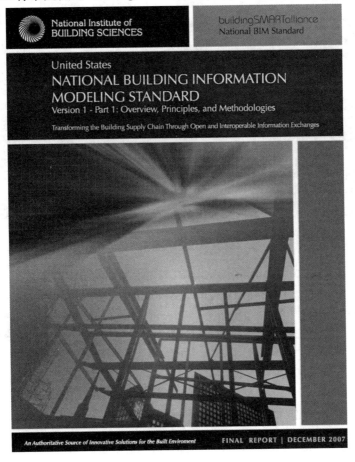

图 1-5

3. 英国标准协会（BSI）BIM 定义

英国标准协会（BSI）（图 1-6）将 BIM 定义为：建筑物或基础设施设计、施工或运维应用面向对象电子信息的过程。

英国《NBS 国家 BIM 调查报告（2015）》指出：BIM 不是软件，而是一种工作协作

5

方法。

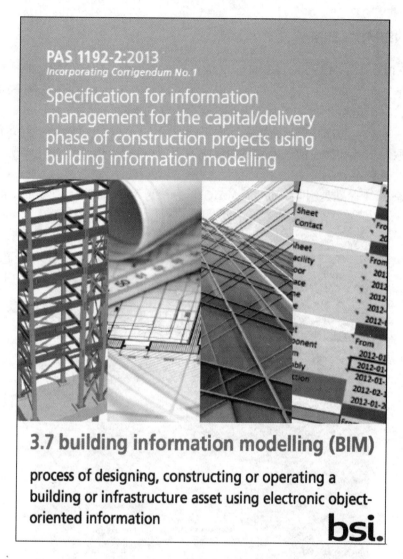

图 1-6

4. 美国退伍军人事务部 BIM 指南建筑信息定义

美国退伍军人事务部 BIM 指南对建筑信息定义（图 1-7）为：

建筑信息模型-产品

产品（Product）是：一个设施物理和功能特性的基于对象的数字化表达。建筑信息模型作为一个设施有关信息的共享知识资源，是设施全生命期（从最早期开始）内决策的可靠基础。

建筑信息建模-过程

过程（Process）是：模型使用、流程及建模方法的合集，由模型来实现特定的、可复用的、可靠的信息。建模方法影响着由模型生成的信息质量。使用和共享模型的时间和动机（流程）影响着 BIM 用于项目成果和决策支持的效果和效率。

图 1-7

建筑信息管理-数据定义

数据定义（Data Definition）是：建筑信息管理支持数据标准和 BIM 用途的数据要求。数据连续性使得发送方和接收方均理解信息的同一内容中信息的可靠交换成为可能。

5. BuildingSMART International 的 BIM 定义

BIM 是首字母缩略词，以下三者之间既互相独立又彼此关联：

Building Information Modeling

建筑信息模型应用是创建和利用项目数据在其全寿命期内进行设计、施工和运营的业务过程，允许所有项目相关方通过数据互用使不同技术平台之间在同一时间利用相同的信息。

Building Information Model

建筑信息模型是一个设施物理特征和功能特征的数字化表达，是该项目相关方的共享知识资源，为项目全寿命期内的所有决策提供可靠的信息支持。

Building Information Management

建筑信息管理是指利用数字原型信息支持项目全寿命期信息共享的业务流程组织和控制过程。建筑信息管理的效益包括集中和可视化沟通、更早进行多方案比较、可持续分析、高效设计、多专业集成、施工现场控制、竣工资料记录等。

6. 美国国家 BIM 标准信息交换框架组织

美国国家 BIM 标准第 1 版第 1 部分（NBIMS V1 - P1）：概述、原则和方法，给出了

NBIMS 信息交换框架组织（图 1-8）。

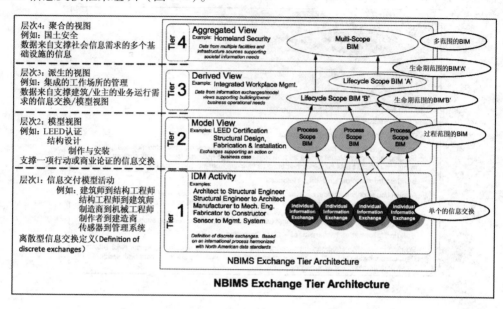

图 1-8　NBIMS 信息交换框架组织

这块"蛋糕"的顶层（层次 4）可被视为整个框架组织的战略目标，代表所有设施的共同总体情况、当前运行情况以及为分析和规划工作所提供的依据。第 4 层最成熟的状况应该是能够实时访问在线的设施模型、项目模型（规划和在建阶段）和运行的应用程序；所有的都基于 NBIMS 计划的概念。这是组织经过一段时间的努力后希望实现的理想。

第 3 层描述为实现某个特定的合法目的或运转目的（如单体设施/建筑或校园设施群/建筑群）所需的信息聚合。因为这部分是业主或建设具体管理的主要重点，它就可能是项目 BIM 发展和 BIM 运行系统的重点。多个第 3 层 BIM 加在一起为第 4 层的能力做贡献，第 4 层提供了资产在框架组织中的总体视图。

在第 2 层，信息加以聚合以支持特定的任务或要求，如能源分析、成本估算或结构分析等。在模型视图定义（MVD）中，建立基于交换要求的模型交换规格以支持视图要求，通常不需要代表整个设施。多个第 2 层模型结合在一起，提供一个第 3 层 BIM。

第 1 层包含最基本的信息化建设模块，双方之间单个信息交换的定义，控制信息如何组织和描述的参考标准。在实际应用中，第 1 层的交换定义应该是人可读的，适合纳入软件实施的规格。NBIMS 计划用来确定和制定第 1 层交换要求的方法是信息交付手册（IDM）。

从上述可见，BIM，如 NBIMS 对于 BIM 定义"……，BIM 是一个设施有关信息的共享知识资源，从而为其全生命期的各种决策构成一个可靠的基础，……"。

用土话来说：BIM 是为您的决策（实现某个特定的合法目的或运转目的、特定的任务或要求，如能源分析、成本估算或结构分析等）用的，您的决策（用软件）不是 BIM。

为了便于理解，第 1、2、3 层可以直观表达为图 1-9：

在"过程范围 BIM"层面，定义了每个活动或每个群体在模型中的信息视图。例如，设计师可以使用 3D 模型检查和理解各种关系和潜在的冲突，并有详细信息进行现场和系

8

统的建模和分析，而首席财务官可以只使用一份形式的电子表格对项目的必要工作做出决定。在全生命期的后期，设施运行者想要非常不同的模型视图；而紧急救援工作指挥官又想要另一个不同的视图；但所有各方都处理相同的 BIM。这些视图必须在本体中得到定义。随着时间的推移，会有成千上万的视图得到定义。

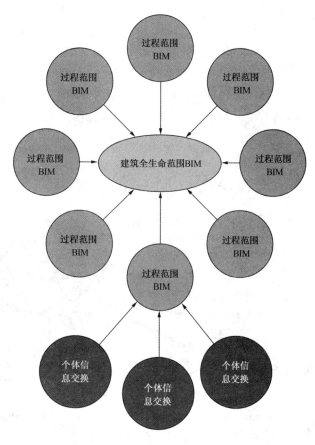

图 1-9　NBIMS 信息交换框架组织关系图

在"个体信息交换"层面，BIM 在逻辑上相关的必要功能和信息的所有部分被组织在一起。使用信息交付手册（IDM）定义的信息交换，定义了任何两个实体之间的关系。这些信息交换上千次/天，但很少有文件存档，往往只有实践手册提供这些定义。行业需要整理这些交换，使所有从业人员理解关系，并记录下最新的信息交换最佳实践方法。关键的是如果合适，确定 BIM 中信息交换的目的。另一项关键是正确的信息应列入全生命期后期可能需要的应用程序。当正在共享的一条信息可能最初没有被认为在目前情况下是重要的，而可能在全生命期后期具有重要的价值。当信息没在活动早期阶段收集时，后期收集可能会产生额外的成本。在某些情况下，信息在后期可能会很难收集，甚至可能需要采取推倒重来的方式才能收集。

信息交换模板、BIM 交换数据库、信息交付手册（IDM）和模型视图/查看定义（MVD）活动一起组成了 NBIM 标准制定和使用过程的核心部分。

NBIMS 前言指出：因此，关键的问题是要提高建设过程的效率。今天的低效率主要源自非增值工作，如在设施全生命期中的各个阶段参与各方的重复输入信息（往往每次输入都会产生新的错误），或设计方未能给施工方提供完整、准确的信息。有了本标准的实施，信息的可互操作性和可靠性将大大改善。

7. 简明 BIM 定义

基于上述，从一名工程技术和企业管理人员的工作与 BIM 建立关系的角度去理解 BIM，我想 BIM 应该被定义为简洁八字：聚合信息，为我所用。

美国建筑科学研究院（NIBS）Deke Smith 先生在回答为什么要用 BIM 时认为由于点对点的信息交换方式不起作用，所以需要 BIM（建筑信息模型），建筑信息模型即是项目全生命期内的互操作性（图1-10）。

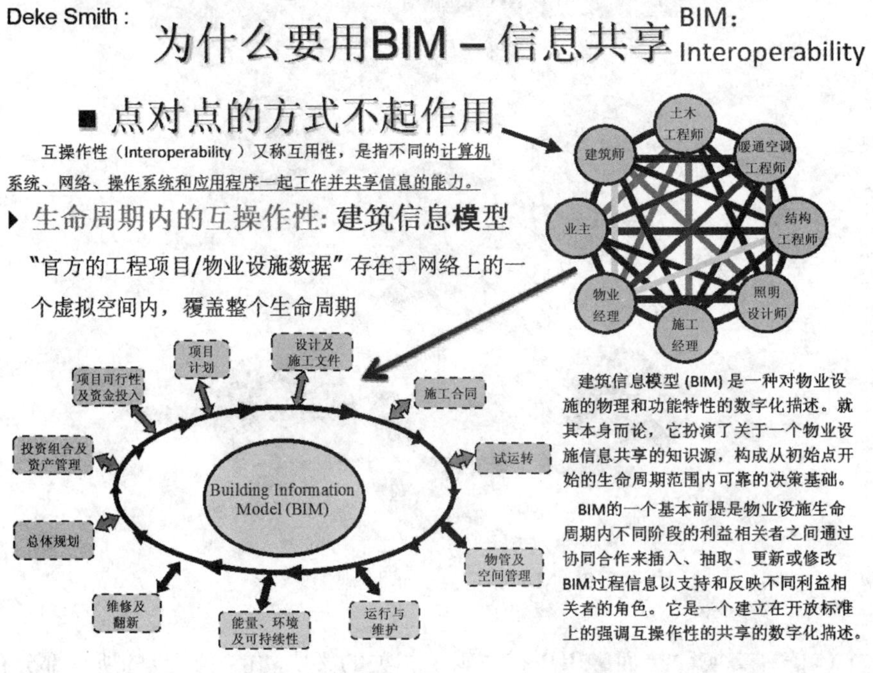

图 1-10　BIM：互操作性（Interoperability）

工程技术人员应用工具的目的是提高工作效率和质量，BIM 作为一个信息工具也具有同样目的，信息工具的发展可以分为三大独立部分，即硬件技术、软件技术和 BIM（Interoperability）技术，如图1-11所示。

硬件、软件都是 BIM 的组成部分，传统的独立软件工作方式如图1-12所示，图1-13所示的 BIM（Modeling、Model、Management）技术则使独立软件可以从 BIM 数据库中获取所需数据，并将他人需要数据放入 BIM 模型，使独立软件变为"BIM 软件"成为具有"互操作性"功能的软件。BIM 直接提高了软、硬件的工作效率和质量，从而间接提高了人的工作效率和质量。BIM 为每个软件服务，人用软件。BIM 聚合在我加入项目工作之前所有对我有用的软件信息，利用各种硬件及互联网技术送达于我，为我软件所用。

从图 1-13 可见，Modeling 是个过程，不仅仅是"建模"。

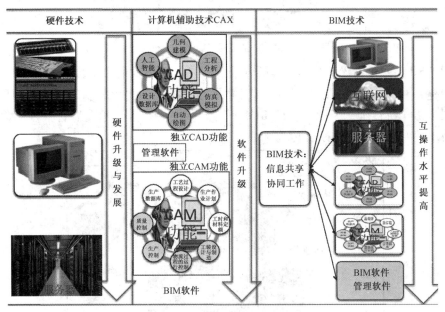

图 1-11　三大独立技术发展图

图 1-12　传统独立软件工作方式

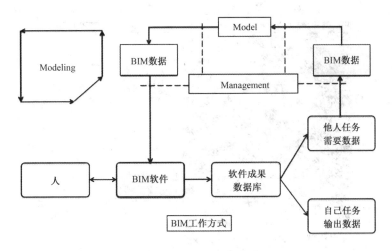

图 1-13　BIM 工作方式

第二章　BIM 的难点

英国 WSP 集团是世界知名的工程顾问公司，是欧洲最大的咨询公司之一。对于 BIM，他们认为是一套社会技术系统（图 2-1），技术核心被社会文化与制度架构、协同工作的做法及同步协作所包围，因此，实施 BIM 不可能一蹴而就，技术发展首先要符合社会习惯，在技术提升过程中逐步改变传统。

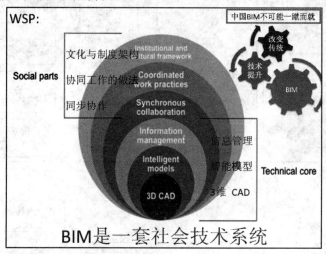

图 2-1　BIM 是一套社会技术系统

在 2012 年发布的《北美 BIM 商业价值评估报告（2007—2012）》（图 2-2）的人物访谈中 SMITH 先生强调："我知道我们还没真正看到 BIM 打算对行业所做的全面影响。一旦我们能把目前所有不连贯的成功连接起来时，我们将看到深刻的变化"。他在回答我们关于 BIM 实施的最大风险是什么时认为："BIM 发展和实施过程中可能的最大风险是 Overselling"。

图 2-2

1. 《美国建设行业协同能力研究报告（2007）》影响 BIM 价值因素

在《美国建设行业协同能力研究报告（2007）》（图 2-3）报告中关于 BIM 与协同能力描述为：

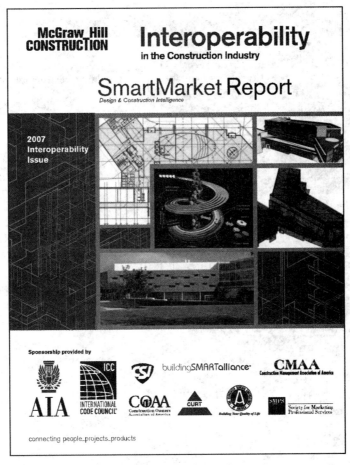

图 2-3

业内对协同能力有着狭义、广义两种观点。狭义是指从纯技术出发，将其定义为"管理和沟通项目合作各方之间的电子产物和项目数据的能力"；广义则是超出技术扩展到文化（理念）层面，其定义为"实施和管理集成式项目的多专业团队各方之间合作关系的能力"。但这些观点也都是相互关联且同步（增减）的。一项具体技术的协同能力能够在实际项目中提高其效率。如项目团队各方能够在不同的应用程序和平台间自由地交换数据，他们之间就能更好地集成项目交付。随着项目团队内部的集成度提高，他们越来越需要一个能够从这样一种合作关系中获利的技术方案。随着 BIM 的应用，协同能力也受到了关注。BIM 不仅实现了三维设计，而且还是设施的物理与功能特性的强大数据库。BIM 数据在项目团队各方中的共享，对于 BIM 应用的优化提升至关重要。协同能力就是对此的重要因素。项目团队内在不同的应用程序和平台上重复输入数据，造成了各方面巨大的浪费。在 BIM 应用的影响因素中，改善协同能力是其中非常重要的一项（41%）。其他重要因素还包括业主要求（49%）、改善项目团队各方之间的交流（47%）、减少施工成本（43%）等（图 2-4）。

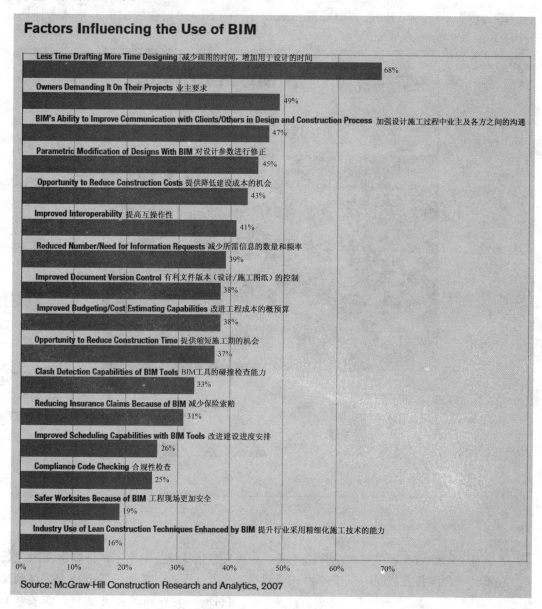

图 2-4　影响使用 BIM 的因素

2. 《北美 BIM 商业价值评估报告（2007—2012）》提高 BIM 利益改进因素

在《北美 BIM 商业价值评估报告（2007—2012）》（图 2-5）中，改善应用软件之间的数据互用能力、改善 BIM 软件功能及更清晰定义各方之间的 BIM 交付成果，列为提高BIM 利益的重要改进因素之首（图 2-6）。

图 2-5　《北美 BIM 商业价值评估报告（2007—2012）》

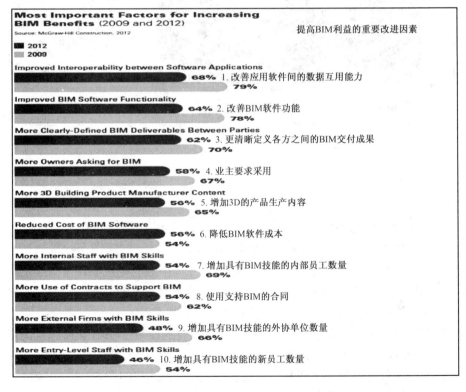

图 2-6　提高 BIM 利益的重要改进因素

3. 《中国 BIM 应用价值研究报告（2015）》提高 BIM 效益因素

在《中国 BIM 应用价值研究报告（2015）》（图 2-7）中提及的在中国最可能提高用户 BIM 效益的技术及流程因素如图 2-8 所示。

图 2-7

4. BIM 的难点

新西兰《国家 BIM 调查报告（2013）》中 Michael Thomson 和 Peter Jeffs 先生撰文指出：我们尚未看到新西兰有真正的 BIM 项目。那只是一个规模合理的建筑，竣工阶段采用了完全集成化的模型，集成了竣工进度和概预算，并用于加工图纸和竣工图纸的制作。目前还谈不上发展成传说中的 LOD 500（成熟水平）模型，也没能与大楼目前日常管理的物业管理数据库链接……借用英国著名歌手尤素夫伊斯兰（原名凯特·史帝文斯）说过的话，"我知道我们已经取得很大进步，我们每天都有新的改变……"然而，我们还有很长的路要走，有一点可以肯定，任何人都不能孤军奋战。我们大家都投入了大量的时间、金钱和精力，尝试驾驭这只野兽（BIM）。但面临的挑战和管理问题实在过于庞大，没有哪个机构能够独自驾驭并声称具备专门知识。如果哪天 BIM 得以真正实现，我们看来那根本的改变就是我们共创信息并分享信息，期间确实涉及真诚合作和有必要暂时放弃利己的商业利益，却不忘肩负的责任问题。

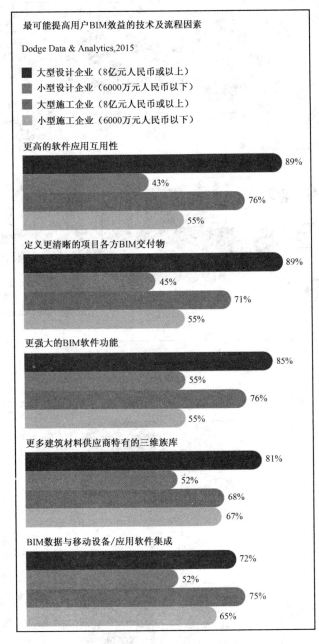

最可能提高用户BIM效益的技术及流程因素

Dodge Data & Analytics,2015

- ■ 大型设计企业（8亿元人民币或以上）
- ■ 小型设计企业（6000万元人民币以下）
- ■ 大型施工企业（8亿元人民币或以上）
- ■ 小型施工企业（6000万元人民币以下）

更高的软件应用互用性
89%
43%
76%
55%

定义更清晰的项目各方BIM交付物
89%
45%
71%
55%

更强大的BIM软件功能
85%
55%
76%
55%

更多建筑材料供应商特有的三维族库
81%
52%
68%
67%

BIM数据与移动设备/应用软件集成
72%
52%
75%
65%

图 2-8　中国最可能提高用户 BIM 效益的技术及流程因素

　　BIM 从本质上而言只是改变了传统的信息交换与协同工作方式，从传统的各个软件之间点对点的信息交换方式改变为通过共同支持的中间文件进行信息交换、从传统的纸质协同方式改为集成的电子协同方式，其效果是从一对多的直接信息交换方式改变为一对一（BIM）的信息交换方式（图 2-9），由于 BIM 是一个设施物理和功能特性的数字化表达，BIM 是一个设施有关信息的共享知识资源，因此协调性、一致性及完整性是 BIM 数据库存储的基本要求。

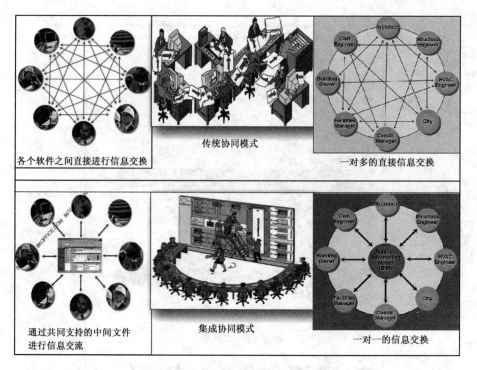

图 2-9　传统信息交换方式与 BIM 信息交换方式的区别

传统工作方式与 BIM 工作方式如图 2-10 所示。

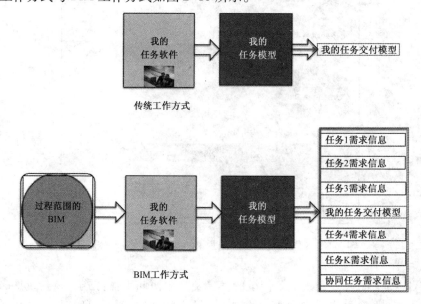

图 2-10　两种工作方式

　　根据上述分析，按照 BIM 是"聚合信息，为我所用"的理解，目前实施 BIM 的核心难点在于按照我国现有的社会文化制度所决定的法律法规、社会协作分工的基本框架条件下，如何解决将信息聚合为如图 2-11 所示的"过程范围的 BIM"及其为我所用的软件数据接口（图 2-12）问题。

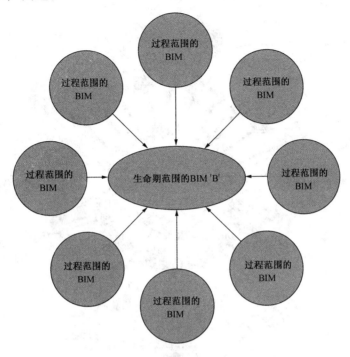

图 2-11　如何聚集"过程范围的 BIM"

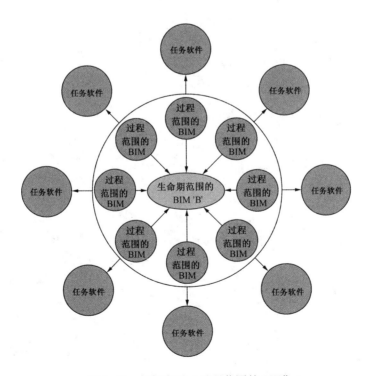

图 2-12　如何应用"过程范围的 BIM"

对于中国建筑工程全生命期，图 2-12 可进一步表达为图 2-13。

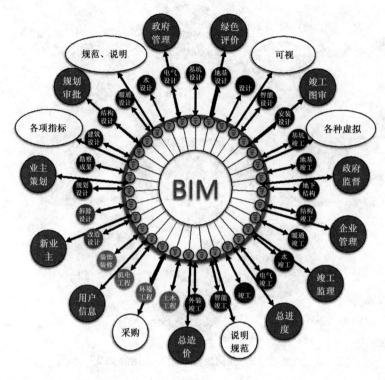

图 2-13

第三章　BIM 与模型

模型（Model）是现实世界的抽象。

信息：是指对人们有用的数据和消息。信息具有如下特征：

　　　信息具有可传递性；

　　　信息具有可共享性；

　　　信息依赖载体且载体可变换；

　　　信息的价值具有相对性和时效性；

　　　任何信息的信息量是有限的。

1. 信息模型

（1）信息模型

　　信息模型是一种用来定义信息常规表示方式的方法，是描述信息的产生、获取、加工、贮存和传输的逻辑关系的一种工具。信息模型也可按照上述（信息＋模型）定义之和表达为：对人们有用的数据和消息的抽象。

　　信息模型是人为建立起来的，其目的在于借助这一工具指示信息流程的内在规律，解决信息工作中的一系列问题。建立信息模型是运用信息方法的关键，也是最困难的一步。必须在充分掌握第一手信息材料的基础上，综合运用各种知识和技术手段才能办到。信息模型是多种多样的，从质上来说，有信息发出接收模型、信息编码解码模型、信息贮存转换模型等。

　　通过使用信息模型，我们可以使用不同的应用程序对所管理的数据进行重用、变更以及分享。使用信息模型的意义不仅仅在于对象的建模，同时也在于对对象间相关性的描述。除此之外，建模的对象描述了系统中不同的实体以及他们的行为和他们之间（系统间）数据流动的方式。这些将帮助我们更好地理解系统。对于开发者以及厂商来说，信息模型提供了必要的通用语言来表示对象的特性以及一些功能，以便进行更有效的交流。

　　信息模型的建立关注建模对象的一些重要的不变的、具有共性的性质，而对象间的一些不同的性质（比如说一些厂商特定的性质）可以通过对通用模型框架的扩展来进行描述。如果缺少信息建模，对一个新对象的描述将会增加很多重复的工作。

　　建立一个放之四海而皆准的信息模型是不切实际的，因为不同对象间性质的区别较大，需要不同领域的专家知识。因此，在多数情况下，信息模型是以层的形式来表示。层化的信息模型包括一个用来支持不同领域信息的通用框架。

（2）数据模型

　　维基百科对数据模型的描述是：在软件工程中，数据模型是定义数据如何输入和输出的一种模型。其主要作用是为信息系统提供数据的定义和格式（图3-1）。

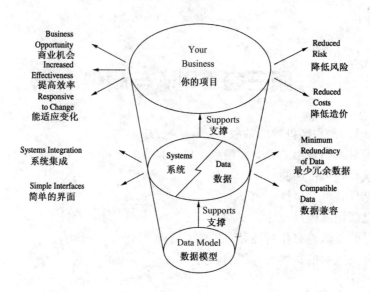

图 3-1　数据模型的作用

数据模型是数据库系统的核心和基础，现有的数据库系统都是基于某种数据模型而建立起来的。

1）数据模型要求：

比较直观地模拟现实世界、容易为人理解及便于计算机实现。

2）数据模型三要素：

数据结构：储存在数据库中对象类型的集合，作用是描述数据库组成对象以及对象之间的联系。

数据操作：指对数据库中各种对象实例允许执行的操作的集合，包括操作及其相关的操作规则。

数据完整性约束条件：指在给定的数据模型中，数据及其联系所遵守的一组通用的完整性规则，它能保证数据的正确性和一致性。

3）数据模型创建

在 Excel 中创建数据模型。数据模型是一种新方法，用于集成来自多个表格的数据，从而在 Excel 工作簿内有效构建关系数据源。在 Excel 内，数据模型透明使用，并提供数据透视表、数据透视图和 Power View 报表中使用的表格数据。在大多数情况下，使用者根本不会知道模型的存在。在 Excel 中，数据模型可视化为字段列表中的表格集合。要直接处理模型，需要使用 Microsoft Office 家族 Microsoft Excel 2013 中的 Power Pivot 加载项。

导入关系数据时，如果选择多个表格，将自动创建模型：

a. 在 Excel 中，使用"数据" >"获取外部数据"从 Access 或其他包含多个相关表格的关系数据库导入数据。

b. Excel 将提示选择一个表。选中"支持选择多个表"。

c. 选择两个或更多表格，单击"下一步"，然后单击"完成"。

d. 在"导入数据"中，选择所需的数据可视化选项（如新工作表中的数据透视表），然后构建报表。

这样即已构建了一个数据模型，其中包含导入的所有表格。

（3）数据库的体系结构

数据库（Database）：按照一定结构组织的相关数据的集合，是在计算机存储设备上合理存放的相互关联的数据集。一般地，数据库管理系统应该具有下列3项功能：数据定义功能、数据操作功能及数据控制和管理功能。

数据库管理系统（Database Management System，简称DBMS）：提供数据库建立、使用和管理工具的软件系统。

数据库应用系统（Database Application Systems，简称DBAS）：指基于数据库的应用系统。空间数据库的数据库应用系统：由空间分析模型和应用模型所组成的软件，通过它不但可以全面地管理空间数据，还可以运用空间数据进行分析与决策。

数据库的体系结构分为三级：外部级、概念级和内部级（图3-2），这个结构称为数据库的体系结构，有时亦称为三级模式结构或数据抽象的三个级别。虽然现在DBMS的产品多种多样，在不同的操作系统下工作，但大多数系统在总的体系结构上都具有三级结构的特征。从某个角度看到的数据特性，称为数据视图（Data View）。

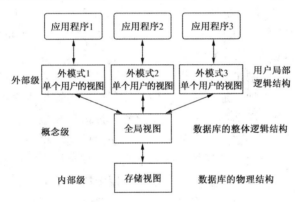

图3-2 数据库的三级结构

外部级最接近用户，是单个用户所能看到的数据特性，单个用户使用的数据视图的描述称为外模式。概念级涉及所有用户的数据定义，也就是全局性的数据视图，全局数据视图的描述称概念模式。内部级最接近于物理存储设备，涉及物理数据存储的结构，物理存储数据视图的描述称为内模式。

数据库的三级模式结构是对数据的三个抽象级别。它把数据的具体组织留给DBMS去做，用户只要抽象地处理数据，而不必关心数据在计算机中的表示和存储，这样就减轻了用户使用系统的负担。

（4）数据模型与信息模型区别

数据模型是用来表达系统中数据的逻辑结构，其功能仅面向计算机系统和数据的存储。随着信息系统复杂程度的增加，系统人员希望了解数据的含义，并将它封装在数据库模型中，由此产生了语义数据模型。但语义数据模型仍具有高度的结构化，缺乏灵活性，难以表达真实世界的复杂程度。为了解决该问题，产生了可以为用户所理解的信息模型。

信息模型和数据模型既有区别，又有联系。两者表达了系统中同样的数据，只是表达方式和目的不同。前者的表达是非结构化的，具有灵活性，目的是为了让用户更好地理解系统；后者的表达是结构化的，缺乏灵活性，目的是为了方便计算机处理。

信息模型是最高层次的逻辑数据模型，为了实现各应用系统之间的信息共享，最好有共同的信息模型。建立在不同信息模型基础上的信息共享是非常困难的，甚至是不可能的。例如面向几何的 CAD 系统和面向特征的 CAD 系统之间实现信息交换是困难的。

2. 产品信息模型

产品是企业生产活动的源头及终结。产品的信息模型简单来讲就是反映产品信息系统的概况，是对产品的形状、功能技术、制造和管理等信息的抽象理解和表示。

产品信息包括：产品定义知识；与产品定义相关的过程知识；产品定义的实现，即制造过程与产品开发过程相关的知识；产品检验使用及维护的知识等。因此，产品信息模型从其完备意义上来说应包含两个相关的方面：产品数据模型和过程链。产品数据模型是按一定形式组织的产品数据结构。它能够完整提供产品数据各应用领域所要求的产品信息，也就是说产品数据模型将覆盖产品生命周期各环节所需要的信息。过程链是指产品开发工作流程，包括一系列从原始思想到最终产品的技术和管理功能，它反映了产品周期的所有行为。

(1) 产品全生命周期信息模型

产品全生命周期信息模型是基于信息理论和计算机技术，以一定的数据模式定义和描述在产品开发设计、工艺规划、加工制造、检验装配、销售维护直至产品消亡的整个生命周期中关于产品的数据内容活动过程及数据联系的一种信息模型。它由各活动的定义及其全部各个阶段和各个部门提供服务。产品全生命周期信息模型将整个产品开发活动和过程视为一有机整体，所有的活动和过程都围绕一个统一的产品模型来协调进行。

随着先进制造技术的发展，产品信息模型的应用突破了 CAD/CAM 集成的领域，扩展到整个制造自动化系统，已经成为实现自动化的一项关键技术。

对产品信息模型及相应建模技术的研究，经历了从简单到复杂、从局部到整体、从单一功能到覆盖整个产品生命周期内各种活动的发展过程。目前，产品信息模型主要可以概括为面向几何的产品信息模型、面向特征的产品信息模型和集成产品信息模型三类。

1) 面向几何的产品信息模型。产品模型经历了二维图形、三维线框、表面模型和实体模型的发展过程，主要以线框、面、实体和混合模型表示。它们可以定义为计算机内部模型，其主要目的是表达某产品的形状，着重于产品的几何构成。由于几何模型的数据结构是专门设计表达产品几何拓扑关系的，对非几何信息则无法合理表达，缺乏产品开发过程中所要求的工程信息。

2) 面向特征的产品信息模型。随着人们对制造系统作为集成系统的认识的深入和信息技术的发展，产品建模进入了面向特征的阶段。20 世纪 80 年代后期出现了集几何信息与非几何信息于一体的基于特征的产品信息模型。这一模型在产品信息的局部层次上，通过一组预定义的特征来实现产品的几何形状、公差及表面粗糙度的描述，对于每个具体的生产活动，都具有相应局部信息的特征与之相对应。该模型可以有效地描述局部信息，但是并不能完整地表达产品全局信息，例如产品的装配关系信息、产品定义与产品制造间的关系等。因此，产品建模仅依靠特征还不能完全描述产品开发活动中的所有信息。

3）集成产品信息模型。该模型是20世纪90年代后期提出的，它进一步推广了特征含义。广义特征概念包含了产品生命周期内各种特征信息，解决了CAD/CAPP/CAM集成化中数据共享和一致性等问题。这种集成是语义上的集成，以特征为中心，缺乏面向对象思想，所建立的模型缺乏层次性，特征间的关系不够明确。

（2）产品数据交换标准

由前述的产品信息特点可知，尤其是复杂产品，其大量的产品信息需要在企业间及企业内部之间信息交换。产品数据的表述和传递成为大型复杂产品开发成败的关键。

1）STEP体系结构

STEP（Standard for the Exchange of Product Model Data）是国际标准化组织制订的一个产品数据表达与交换标准，也称为产品模型数据交换标准。其首要目的是能够描述各种行业的产品生命周期中各阶段的数据，支持分布式计算机应用系统对产品数据的共享。

STEP标准采用分层方法描述数据，它主要包括形式化数据描述语言EXPRESS。实施方法是实现STEP标准描述的信息结构的方法。每个实施方法确定了STEP数据结构如何映射到实施过程，包括文件交换结构、标准的数据访问接口和语言绑定。一致性测试方法用于描述如何检验数据和应用是否符合标准。

数据描述是STEP标准体系结构的基本构成部分。它主要包括三部分：应用协议、应用解释构件和集成资源。应用协议是可以实施的数据描述，它与实施方法相对应。由于STEP是一个庞大的标准体系，研究人员和相关组织致力于开发各种特定领域的应用协议。应用解释构件描述产品数据的结构和语义，以便在多个应用协议之间交换数据。它通过通用的产品数据描述方法，支持多应用协议对产品数据源的互换。集成资源构成一个完整的产品数据的概念模型，包括各种语义元素来描述产品生命周期各阶段数据。

2）EXPRESS语言构造

STEP主要采用EXPRESS描述产品数据。它是一个形式化数据描述语言，其设计目标要求这类形式化的描述不仅能被人们理解和能用计算机处理，而且能够全面描述出客观现实产品的形式和结构。EXPRESS吸收了多种语言的基本特点，具有类型、表达式、语句、函数、过程等功能，又采用了面向对象技术中的继承机制等技术。但是，EXPRESS不是一种编程语言，只作为一种形式化描述语言来描述数据，不存在输入输出、数据处理、异常处理等语言元素。

EXPRESS语言通过一系列的说明来建立产品数据模型。这些说明包括类型（TYPE）、实体（ENTITY）、模式（SCHEMA）、常数（CONSTANT）、规则（RULE）、函数（FUNC-TION）和过程（PROCEDURE）等。其中，实体是EXPRESS语言对建模对象的基本定义。一个建模对象的信息在实体中用属性及其属性上的约束来表达。

3）产品模型数据交换的实现

目前，STEP标准为用户提供数据交换的实施分为四个级别：文件交换、工作格式交换、数据库交换、知识库交换。产品数据交换的方法与产品模型是相适应的，各产品模型对应的产品数据交换方法可归纳为三种：直接交换、间接交换和数据库方式。

在交换的两个系统间或功能模块间，通过确定相互间的数据结构和建立一对一的信息转换机制，直接进行数据交换称为直接交换。采用直接交换方式的除了基于几何的模型不同系统之间的专用接口外，特征识别也是直接交换。特征识别技术直接将设计模型识别转换成应用模型，因此可归为直接交换。

基于 STEP 的文件交换属于应用数据交换标准的间接交换。

通过统一的产品模型和公共数据库实现信息交换的方式称为基于公共数据库的信息交换。

基于公共数据库的信息交换有两类：一类是目前的基于几何的产品模型的多功能集成系统，系统多功能模块之间在公共数据库支持下共享统一的产品模型。它们以基于统一的产品模型的数据库为核心，将产品开发所需的设计、分析、测试和加工等集成于一体。信息在多功能模块之间快速、双向、连续流动，实现充分的信息共享以支持产品的全生命周期活动；另一类就是基于集成产品模型 STEP 的公共数据库的信息共享。

（3）产品生命周期模型体系结构

产品生命周期概念指从产品的构思开始，经历设计制造、市场销售、使用和报废的连续时间过程。由于产品开发和使用过程十分复杂，不可能采用一个模型来描述产品生命周期，必须采用一组模型分阶段和方面进行描述。产品全生命周期建模应解决三个问题：确定产品模型所要描述的要素；划分产品生命周期的阶段和建立阶段性产品数据模型；建立和维护产品生命周期阶段模型之间的联系，根据模型对产品数据进行分布式存储、访问和处理。

产品生命周期模型所涉及的要素可以分为四个层次：组织要素、应用服务要素、信息要素和概念要素（图 3-3）。产品生命周期模型必须满足全部用户（如销售员、设计工程师和质量检验员等）对产品数据获取和处理的要求。对应用信息的描述能够使人们清楚地了解在分布式制造环境中有多少信息系统对产品数据进行访问和处理。

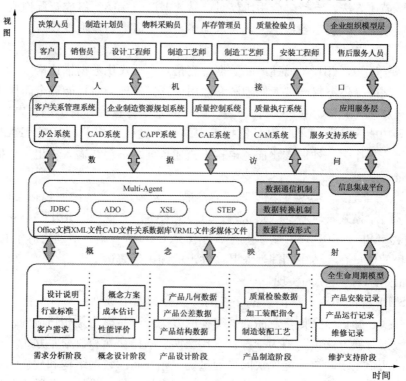

图 3-3　产品生命周期模型框架

产品数据要素是产品生命周期建模和管理的核心，产品数据按照多种编码格式进行存储。在分布式制造环境中，一般存在 Office 文档、XML 文档、关系数据库、多媒体文件等存储格式。概念要素是人们对具体物理数据和联系的抽象，包括产品数据分类、产品数据对象设计、对象关系和管理的原则等。概念要素建立抽象数据和物理数据之间的映射，形成产品生命周期的元模型。

概念映射机制将产品模型的概念映射到具体的物理数据。数据访问机制用于确定企业员工和计算机信息系统对物理数据的访问范围、权限。数据访问机制针对每个数据访问请求，通过计算机软件系统进行数据处理，检索数据的物理路径和输出方式。人机交互实现企业组织层与信息系统间的动态交互。

综上所述，产品生命周期模型框架包括对组织要素的描述，建立组织视图模型，对各阶段的产品模型概念映射后实现信息的存储、共享、处理和与企业人员的交互。

（4）产品生命周期各阶段模型

我们宏观上将产品生命周期划分为五个阶段：需求分析、概念设计、产品设计、加工制造和维护支持。按照所划分的阶段，我们建立产品需求模型、概念模型、设计模型、制造模型和维护支持模型，同时需要有机地实现各阶段模型之间的转换、集成、操作。因此，我们有必要了解各阶段的产品模型是怎样的。

1）产品需求模型

产品建模总是从客户需求模型或概念模型开始的。由于客户需求一般用口头语言、文字或草图描述，因此，获取、表达、分析客户需求信息成为建立需求模型应解决的主要问题。

由于 XML 在结构化文档处理和集成方面的优越性，基于 XML 的需求模型可以结构化地表达客户需求等信息，同时支持对需求信息的评价、分析和完善。需求模型的作用在于可以实现产品信息从客户角度向设计者角度的转换，借助 QFD（Quality Function Deployment）将客户需求转化成相应的面向设计制造等环节的工程技术需求。

2）产品概念模型

产品概念模型分为四部分。第一部分主要描述产品概念设计参数，如产品的工作原理、功能、性能和外观等；第二部分描述产品的概念结构，如关键的装配件、零件、装配关系等；第三部分体现了产品开发和使用对环境的影响；第四部分描述了所应用的方法和产品的成本信息。

3）产品设计模型

产品设计模型用于表现产品设计的结果。它应包括产品的几何图形描述、文本描述，并建立几何实体和文本实体之间的关联。作为产品生命周期中的核心模型，产品设计模型的主要任务是将概念产品转化成设计方案。在此阶段，一般采用面向对象的语言（UML 或 EXPRESS 等）建立产品设计模型。

概念模型描述了产品的成本信息，其后继模型（即产品设计模型）继承了成本信息，并进一步体现了成本规划信息，使得企业准确地了解产品生命周期中各种业务活动的费用和资源消耗。成本信息可以帮助企业提升利润空间和市场竞争力。

4）产品制造模型

在产品的制造过程中，原材料经过加工成为零件，并与采购的标准件、外协厂家的零部件等装配形成产品。产品制造模型是在产品设计模型的基础上，添加相应的产品制造信息，支持工艺规划、资源配置、生产计划、库存管理、加工装配等活动。

产品设计模型体现了产品功能需求对零件结构的制约，同样，在产品制造模型中，产品的功能需求体现于零件的具体几何结构，特别是零件间的连接和装配关系。装配工艺可以采用两种方式，即自底向上和自顶向下两种方式。前者是在整体方案确定后，设计人员利用 CAD 工具分别进行各个零件的详细结构设计，然后定义这些零件之间的装配关系，形成产品装配模型。后者首先建立产品的整体结构表达，然后不断细化零部件的几何结构，以保证零件结构满足产品功能需求，最终建立产品装配模型。

5）产品服务模型

产品服务可以分成三个阶段：交付前服务、运行维护和回收处理。产品服务模型应包括四部分信息：客户信息、产品交付信息、产品运行维护信息和回收处理信息。

客户信息主要包括客户数据、合同信息、使用人员信息和培训信息等。客户信息可以支持产品的销售工作。产品交互信息主要包括产品运输数据、产品安装数据、产品交付状态、客户验收意见和技术手册。产品交付信息的初始来源是产品的制造模型，同时附加了产品安装信息。产品运行维护信息包括产品运行状况、故障记录、维修记录和技术支持。产品回收处理信息包括报废处理单、拆卸工艺和材料分解工艺等。

（5）产品模型集成框架

产品生命周期分各阶段模型，中间阶段的模型集成了前阶段模型的信息，体现出简单的集成关系。产品模型集成将建立它们间的联系（不仅仅是继承），支持建立逻辑上唯一的数据源，存放全部产品数据和知识，维护产品生命周期中数据的一致性，降低数据量和制造复杂性。

产品生命周期模型的操作框架通常采用客户/服务和浏览器/服务器混合结构。前者用于内部信息处理和管理功能；后者用于外部信息处理。由于后者的跨平台性较好，并且使开发人员能够将开发重点放在服务器端，逐渐有全面取代前者的趋势。

产品模型集成框架结构分为三层：应用层、服务层和数据层。应用层有五个应用代理，分别是需求代理、概念代理、设计代理、制造代理和服务代理，分别对应产品生命周期模型的五个子模型。应用代理通过各种通信协议（如 TCP/IP 等）来访问服务层中的基本服务代理，如图形代理、安全代理、协调代理、查询代理、资源代理等。图形代理用于显示二维或三维的几何产品信息，安全代理则负责整个产品生命周期模型系统的安全问题，查询代理是一个非常重要的代理，将查询结果返回给用户，资源代理负责管理全部系统资源，对各个代理发出的资源请求进行调度/排序。

产品模型集成是建立产品生命周期各阶段模型之间的联系，支持建立逻辑上唯一的数据源，存放全部产品数据和知识。

3. 建筑信息模型

从最终用户角度来看，数据库系统结构可分为单用户结构、主从式结构、分布式结构和客户/服务器结构四类（图 3-4）。

单用户数据库系统是一种早期的最简单的数据库系统。在这种系统中，整个数据库系统（包括应用程序、DBMS、数据）都装在一台计算机上，由一个用户独占，不同机器之间不能共享数据。

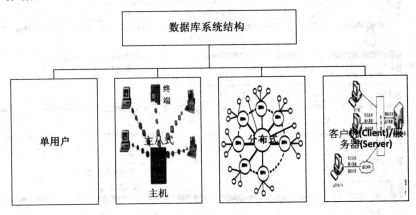

图3-4 数据库系统结构图

主从式结构是指一个主机带多个终端的多用户结构。在这种结构中，数据库系统（包括应用程序、DBMS、数据）都集中存放在主机上，所有处理任务都由主机来完成，各个用户通过主机的终端并发地存取数据库，共享数据资源。

分布式结构是指数据库中的数据在逻辑上是一个整体，但物理地分布在计算机网络的不同节点上。网络中的每个节点都可以独立处理本地数据库中的数据，执行局部应用，也可以同时存取和处理多个异地数据库中的数据，执行全局应用。

客户/服务器结构：主从式数据库系统中的主机和分布式数据库系统中的每个节点机是一个通用计算机，既执行 DBMS 功能又执行应用程序。随着工作站功能的增强和广泛使用，人们开始把 DBMS 功能和应用分开，网络中某个（些）节点上的计算机专门用于执行 DBMS 功能，称为数据库服务器，简称服务器；其他节点上的计算机安装 DBMS 的外围应用开发工具，支持用户的应用，称为客户机，这就是客户/服务器结构的数据库系统。在客户/服务器结构中，客户端的用户请求被传送到数据库服务器，数据库服务器进行处理后，只将结果返回给用户（而不是整个数据），从而显著减少了网络上的数据传输量，提高了系统的性能、吞吐量和负载能力；另一方面，客户/服务器结构的数据库往往更加开放。客户与服务器一般都能在多种不同的硬件和软件平台上运行，可以使用不同厂商的数据库应用开发工具，应用程序具有更强的可移植性，同时也可以减少软件维护开销。

（1）将建筑（或设施）视为一个整体产品的数据库

将建筑（或设施）作为一个整体产品，以图3-3所示的产品生命周期模型框架来表达建筑全生命期模型框架如图3-5所示。

图3-5所示的建筑信息模型的数据库结构是主从式结构，建筑信息模型与其他产品模型的区别之处在于不同的数据标准、不同的应用软件。

根据图3-2所示的数据库三级结构，对于用户，图3-5可以进一步表达为图3-6，图中"Process Scope BIM"相当于"外模式"：

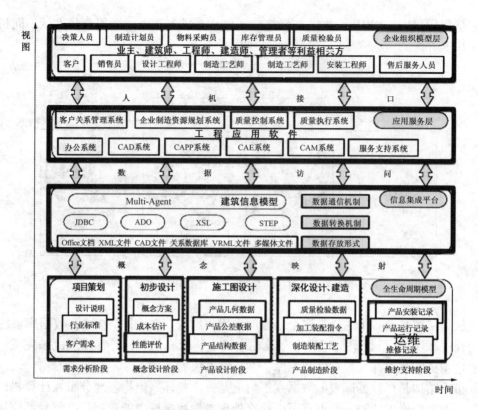

图 3-5　建筑全生命期模型框架

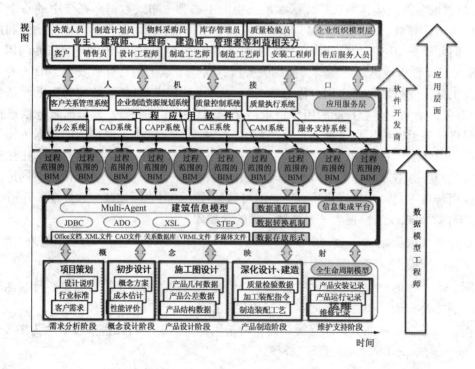

图 3-6　将建筑（或设施）作为一个整体产品的数据库创建与应用

（2）将建筑（或设施）视为多个产品组合的数据库

如果将组成建筑的各部分分别视为独立产品看待，桩基、基坑、结构、给排水、电气……，都有其独立的需求分析、概念设计、产品设计、产品制造、运行维护不同阶段，也有其不同的施工、质量检验等自成体系的产品制造过程，如图3-7～图3-13所示。

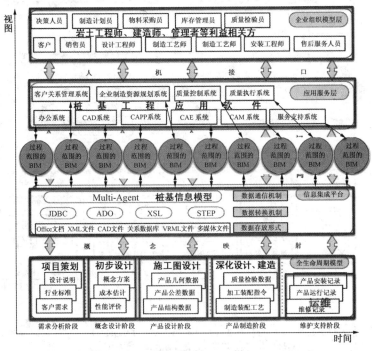

图 3-7　桩基工程产品信息模型

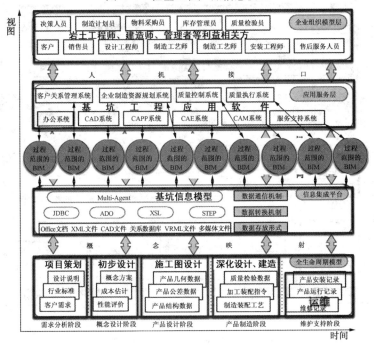

图 3-8　基坑工程产品信息模型

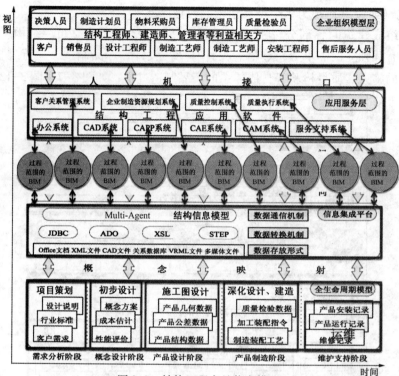

图 3-9　结构工程产品信息模型

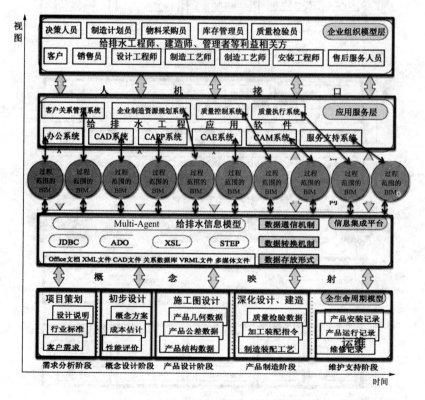

图 3-10　给排水工程产品信息模型

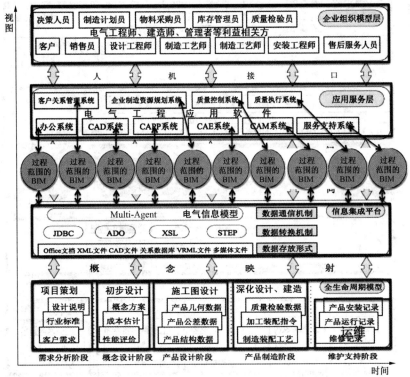

图 3-11　电气工程产品信息模型

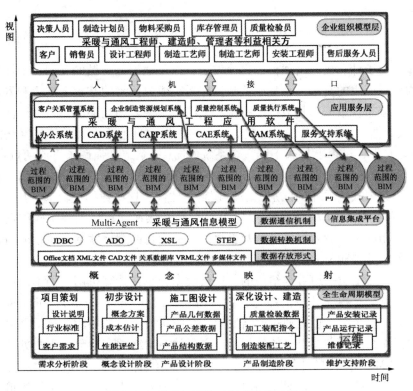

图 3-12　采暖与通风工程产品信息模型

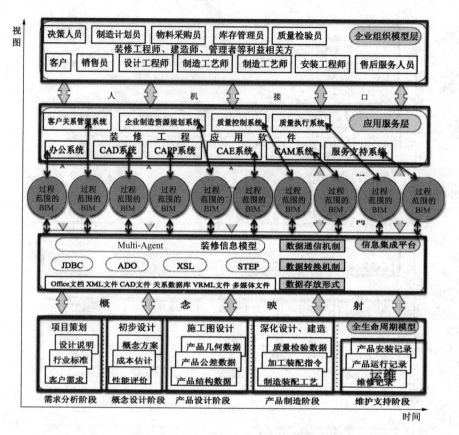

图 3-13 装修工程产品信息模型

　　近年来，由于计算机网络通信的迅速发展，以及地理上分散的公司、团体和组织对于数据库更为广泛应用的需求，在集中式数据库系统成熟技术的基础上产生和发展了分布式数据库系统。分布式数据库是数据库技术和网络技术两者相互渗透和有机结合的结果。

　　"分布式数据库是由一组数据组成的，这些数据物理上分布在计算机网络的不同结点（亦称为场地）上，逻辑上是属于同一个系统的"。这个定义强调了下面两点：（1）分布性：数据库中的数据不是存储在同一场地，更确切地讲，不存储在同一计算机的存储设备上，这就是与集中式数据库的区别；（2）逻辑整体性：这些数据逻辑上是互相联系的，是一个整体（逻辑上如同集中数据库），这就可以和分散在计算机网络不同结点上的数据库或文件的集合相区别。后者各结点的数据之间没有内在的逻辑联系。所以分布式数据库就有了全局数据库（逻辑）和局部数据库（物理）的概念。

　　分布式数据库是由一组数据组成的，这组数据分布在计算机网络的不同计算机上。网络中的每个结点具有独立处理的能力，称为场地自治（Autonomous），可以执行局部的应用程序。同时，每个结点也能通过网络通信子系统执行全局的应用。这就是说，每个结点是独立的数据库系统：它有自己的数据库，自己的一组终端，自己的中央处理器，运行它自己的局部 DBMS，执行局部的应用程序，具有高度的自治性，同时又相互协作组成一个整体，这种整体性的含义是，对于用户来说，从一个分布式数据库系统的逻辑上看如同一个集中式数据库系统一样，用户可以在任何一个场地执行全局应用。

分布式数据库系统是在集中式数据库系统成熟技术的基础上发展起来的，但不是简单地把集中式数据库分散地实现，它是具有自己的性质和特征的系统。集中式数据库系统的许多概念和技术，如数据独立性、数据共享和减少冗余度、并发控制、完整性、安全性和恢复等在分布式数据库系统中都有了不同之处及更加丰富的内涵。

分布式数据库系统概念应用在将建筑（或设施）视为多个产品组合的数据库时，建筑信息模型是由一组数据组成的，这组数据分布在计算机网络的不同计算机上。网络中的每个结点都是一个单独的产品信息模型（图3-7～图3-13）、具有独立处理产品信息的能力，可以执行单独的应用程序。每个结点也能通过网络通信子系统执行全局的应用（图3-14）。

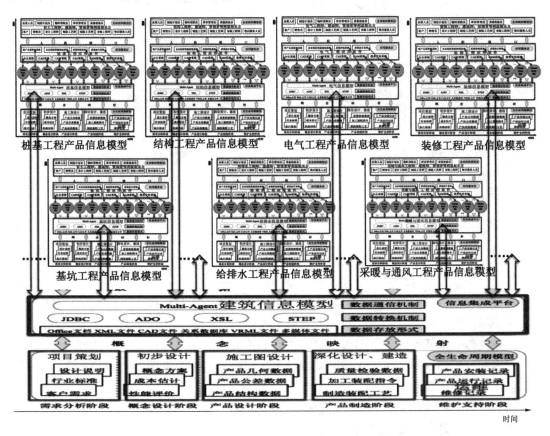

图3-14　将建筑（或设施）视为多个产品组合的数据库

4. BIM 的不同数据库系统结构表达方式

根据上述，将建筑视为单一产品和将建筑视为多产品组合对于不同数据库系统表达方式而形成 BIM 数据库的不同表达方式如图3-15所示。

由图3-15可知，BIM 可以有不同的实施方式，NBIMS 的 BIM 关系图（图3-15 左边），也就是我们目前大部分 BIM 理论研究的 BIM 实施方式只是 BIM 实施方式之一。

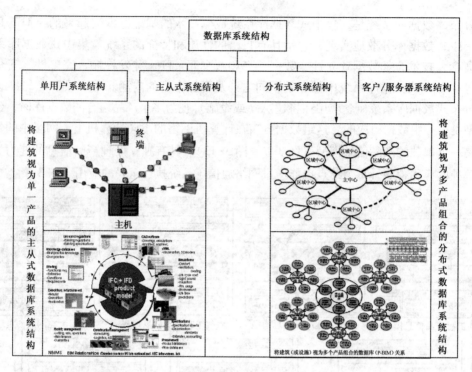

图 3-15　将建筑视为单一产品和将建筑视为多产品组合的不同数据库系统表达图

5. 专业分析模型

现在重回项目工程师所熟悉的早在大学里就认识的专业分析模型，如力学模型。

在实际问题中，力学的研究对象（物体）往往是十分复杂的，因此在研究问题时，需要抓住那些带有本质性的主要因素，而略去影响不大的次要因素，引入一些理想化的模型来代替实际的物体，这个理想化的模型就是力学模型。理论力学中的力学模型有质点、质点系、刚体和刚体系。

质点：具有质量而其几何尺寸可忽略不计的物体。

质点系：由若干个质点组成的系统。

刚体：是一种特殊的质点系，该质点系中任意两点间的距离保持不变。

刚体系：由若干个刚体组成的系统。

对于同一个研究对象，由于研究问题的侧重点不同，其力学模型也会有所不同。例如：在研究太空飞行器的力学问题的过程中，当分析飞行器的运行轨道问题时，可以把飞行器用质点模型来代替；当研究飞行器在空间轨道上的对接问题时，就必须考虑飞行器的几何尺寸和方位等因素，可以把飞行器用刚体模型来代替。当研究飞行器的姿态控制时，由于飞行器由多个部件组成，不仅要考虑它们的几何尺寸，还要考虑各部件间的相对运动，因此飞行器的力学模型就是质点系、刚体系或质点系与刚体系的组合体。

材料的简单本构模型，在材料的力学性能的实验基础上，抽象出一些模型，这些模型称为本构模型。描述本构模型的方程称为本构方程。

流体力学主要理论模型。在连续介质假设的基础上，建立流体运动的基本方程组，具有广泛的适应性。严格来说这个方程组通常并不封闭，即方程中的未知数多于方程数。为了求出理论解，必须根据情况再提出一些符合或接近实际的假设，从而在某些条件下使方程组封闭。但是，即使方程组已封闭，求方程的解仍然不是轻而易举的。由于方程的非线性特征及方程中变量的互相耦合，使得求解这种一般的方程组几乎成为不可能，因此还必须根据具体问题的特点，抓住问题的主要方面，忽略次要方面，必要时作进一步的假设、简化和近似，设计出最适合具体情况的合理的各种理论模型，如：黏性流体模型和理想流体模型；可压缩流体模型和不可压缩流体模型；非定常流动模型和定常流动模型；有旋流动模型和无旋流动模型；重力流体与非重力流体模型；一维、二维与三维流动模型等。

随着科学技术的进步，人们对工程结构设计的要求越来越高，因此在进行结构静、动力分析时，要求反映结构力学特征的模型正确可靠，就成为顺理成章的事，结构建模问题因而显得越来越重要。对结构振动分析而言，一个良好的数学模型是保证固有特性和振动响应计算、载荷预计、稳定性分析等得到可靠结果的前提。

20 世纪中期发展起来的有限元素法，为结构动力学建模提供了一个有力的手段。但由于各种原因，根据结构的力学模型用有限元素法建立的数学模型，常常不能准确反映实际结构的动力学特征。虽然在后来随着振动测试技术、信号处理技术的发展，使得以参数识别技术为基础的试验模态方法获得了大的发展，但由于参数识别也是以参数模型存在为前提条件，如果参数模型本身不能反映结构的本质与特征，则再好的数学识别技术也不能提高结构模型的精度。而且由参数识别得到的模态数据，往往远少于建模的需要。结构的动力学建模仍然有许多需要解决的问题。

要得到一个与实际结构动力学特性符合较好的模型，可以从两个途径来解决这个问题：一个途径是用理论分析（如有限元素法）建立模型，再用实测数据进行模型修正，称为结构动态修改或动力学模型修正；另一个途径是仅用测试数据，以参数模型为依据求得物理坐标下表征结构动态特性的质量、刚度、阻尼矩阵，即所谓物理参数识别问题。

以上所列模型及其他专业分析模型、管理模型是工程技术与管理技术的根本，也是目前建筑性能分析、结构优化设计、绿色建筑、工程管理等应用软件的基础，与数据模型、信息模型无关，即没有数据模型、没有信息模型也可以得到同样应用软件的同样成果，只不过是效率较低。

由此可见，在建设工程各技术领域：专业分析模型为本，信息模型为末，不可为 BIM 舍本逐末，更不可以 BIM 为本；在建设工程各管理领域：传统管理流程模型为本，信息模型应用为末，不可因 BIM 应用而本末颠倒；对于广大工程技术与管理人员，专业及管理技能为重，信息技术为轻，切不可因 BIM 而轻重倒置。

重温上述："在软件工程中，数据模型是定义数据如何输入与输出的一种模型，其主要作用是为信息系统提供数据的定义和格式；数据模型是一种新方法，用于集成来自多个表格的数据，从而在 Excel 工作簿内有效构建关系数据源；外部级最接近用户，是单个用户所能看到的数据特性，单个用户使用的数据视图的描述称为外模式。概念级涉及所有用户的数据定义，也就是全局性的数据视图，全局数据视图的描述称概念模式。内部级最接近于物理存储设备，涉及物理数据存储的结构，物理存储数据视图的描述称为内模式；信息模型和数据模型既有区别，又有联系，二者表达了系统中同样的数据，只是表达方式和目的不同，前者的表达是非结构化的，具有灵活性，目的是为了让用户更好地理解系统，后者的表达是结构化的，缺乏灵活性，目的是为了方便计算机处理；信息模型是最高层次的逻辑数据模型，为了实现各应用系统之间的信息共享，最好有共同的信息模型。"我们可以得出 BIM 与各模型关系如图 3-16 所示。

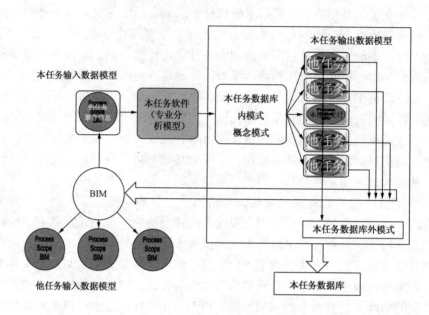

图 3-16　BIM 与各模型关系

第四章 BIM 与软件

软件是客观事物的一种虚拟反映，是知识的固化、凝练和体现。

计算机软件（Computer Software）是指计算机系统中的程序及其文档。程序是计算任务的处理对象和处理规则的描述；文档是为了便于了解程序所需的阐明性资料。程序必须装入机器内部才能工作，文档一般是给人看的，不一定装入机器。软件是用户与硬件之间的接口界面。用户主要是通过软件与计算机进行交流。软件是计算机系统设计的重要依据。为了方便用户，为了使计算机系统具有较高的总体效用，在设计计算机系统时，必须通盘考虑软件与硬件的结合，以及用户的要求和软件的要求。

软件（software）是一系列按照特定顺序组织的计算机数据和指令的集合。软件是用户与硬件之间的接口界面。用户主要是通过软件与计算机进行交流。软件并不只是包括可以在计算机上运行的电脑程序，与这些电脑程序相关的文档一般也被认为是软件的一部分，简单地说软件就是程序加文档的集合体。程序不等于软件，程序只有被客户所接受、实现了商业价值，才叫作软件，其中还要做包括营销、建立经销渠道等大量工作。

一般来讲软件被划分为系统软件、应用软件，其中系统软件包括操作系统（如 Windows）、中间件软件（中间件处于操作系统软件与用户的应用软件的中间，是一类软件的统称）、数据库软件（sqlserver、oracle、DB2 等）；应用软件包括行业管理软件（社保系统，电力系统，银行系统等）、文字处理软件（如 Office、WPS）、辅助设计软件（如 AutoCAD、Photoshop）、媒体播放软件（暴风影音、豪杰超级解霸、Windows Media Player、RealPlayer）、系统优化软件（Windows 优化大师、超级兔子魔法设置）等。

BIM 与软件是 BIM 不得不说的话题。

图 4-1 BIM 没有软件

BIM 利益相关方，无论是软件开发商、业主、设计、施工、运维及政府各方每个人，

100%都认可：BIM不是软件。可在实际应用中，为什么无论是管理部门、BIM标准制定者、设计院、施工企业、运维及业主离开"BIM软件"就谈不上BIM了？

前两年我曾看到了一张"BIM没有软件"的PPT（图4-1），因为没有看到全文，从这一张PPT上也不敢贸然断定把"BIM without the Software"认为"BIM没有软件"是否正确，但它提醒我们对于BIM与软件需要有更进一步的认识。

因此，我们需要厘清BIM与软件的关系。为此，我查阅了美国《NBIMS》关于BIM与软件的相关关系描述并试图分析BIM与软件的关系。

1. BIM不是软件但离不开软件

美国国家建筑信息模型标准（NBIMS）是建设行业转型的关键元素。NBIMS为建筑信息交换制定了标准定义，通过使用标准的语义和本体模型来支持严苛的业务环境。如在软件中得以实施，该标准将成为准确高效的沟通和业务活动的基础，这正是建筑行业及行业转型所必需的。此外，该标准还有助于工程项目相关过程的所有参与者能由业务合同获得更可靠的产出成果。

NBIMS行动计划意识到BIM需要支持以下内容的合规的、透明的数据结构：
- 包括建筑信息交换的具体业务案例。
- 支持业务案例所必需的用户数据视图。
- 用于信息互换和结果验证的机读交换机制（软件）。

"BIM需要支持以下内容的合规的、透明的数据结构"可以表达为图4-2。

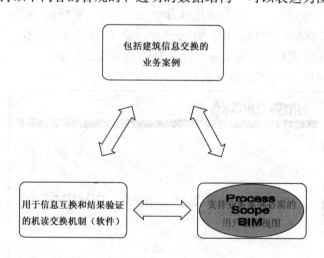

图4-2　BIM需要支持多学科的、透明的数据结构

回顾图1-8NBIMS信息交换框架组织的第2层（图4-3），我们可以直观理解"业务案例"。

建设行业利益相关各方在BIM使用和信息交换中的角色：
- 业主—有关其项目的高度概括性信息。
- 规划师—有关实际场地和公司计划需要的既有信息。

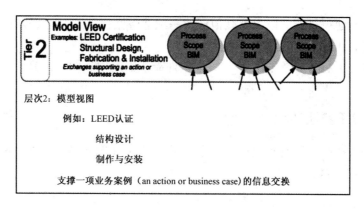

图 4-3

- 房地产经纪人—有关支持房地产买卖的场地或设施的信息。
- 评估师—有关支持设施评估的信息。
- 按揭银行—有关人口统计数据、公司状况和生存能力的信息。
- 设计师—规划和场地信息。
- 工程师—可导入设计和分析软件的电子模型。
- 造价和算量师—可得准确用工量的电子模型。
- 详细说明—智能对象，由它来详细说明并链接到后面阶段。
- 律师和合同—辩护或诉讼需要的更为准确的法律描述。
- 施工承包商—招投标和订购用智能对象和用来存储获得信息的地方。
- 分包商—更清晰的沟通，并给予与总包商同样的支持。
- 预制件厂商—能使用智能模型对制造过程进行数控。
- 法规官员—合规审查软件可以更快、更准确地处理模型。
- 物业经理—提供的产品、保修和维护的信息。
- 维护保养—轻松识别维修和更换的零件和产品。
- 改造修复—将不可预见的条件和由此产生的成本降至最低。
- 处理和回收利用—深入了解可循环使用的材料和物品。
- 范围研究、测试和模拟—项目虚拟建造，消除碰撞冲突。
- 安全和职业健康—了解所使用的材料和化学品。
- 环境和环保机构—环境影响分析后的改善信息。
- 设备运行—处理流程的三维可视化效果。
- 节能和绿色—更轻松地完成节能优化分析，可以更多地考虑多个备选方案，如建筑在场地中的布置及其朝向所产生的影响。
- 空间和安全—三维显示的智能化对象，有助更好地了解薄弱所在。
- 网络管理人员—三维的物理网络布置对故障定位非常宝贵。
- 首席信息官（CIOs）—更好的业务决策和现有设施的信息的基础。
- 风险管理—更好地了解潜在风险，懂得如何规避和尽量降低损失。
- 房客支持系统—设施可视化标识导向系统（建筑用户往往看不懂楼层平面图）。
- 紧急救援—及时准确的信息可将生命财产的损失降到最低。

BIM需要支持建设行业的以上及其他任何一项业务案例，为某一经认证的业务案例提供的交换模型是否正确需要软件验证。

BIM不是软件但它是业务案例（任务）软件需要输入信息的一部分。

2. 理想BIM与任务软件相对独立

BIM是一个数据库，所有利益相关者参与共建BIM（图4-4），这并不意味着可以用一个超级软件创建BIM。

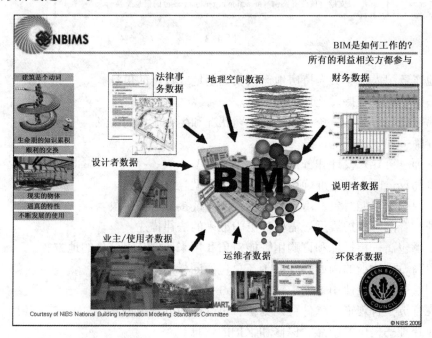

图4-4　BIM是如何工作的？所有的利益相关方都参与

BIM的创建和应用是一个合作过程，美国《NBIMS》给出了BIM关系图（原图3.4-4，本文图4-5）。

图4-5确定了许多在项目全生命期发生的传统功能和活动，它们在BIM模型本体上是相关的，相互之间可以依赖或不依赖。

换句话说，图4-5所示的"传统功能和活动"任务应用软件按一定的规则应用及创建BIM数据，如图4-6（原载于《NBIMS》图5.2-2）所示。

至此，我们可以认为BIM与软件相对独立，"传统功能和活动"任务软件通过信息交付手册（Information Delivery Manual，IDM）从"IFC（Industry Foundation Classes）+IFD（International Framework for Dictionaries）产品模型"中获取数据完成任务并按照IDM的要求将数据送入"IFC+IFD产品模型"中为其他任务软件使用。

美国《NBIMS》在叙述NBIMS与"工具制造商"的关系中指出：

NBIMS标准主张建设行业可行的软件可互操作性要验收设施的开放性信息模型和与每个参与的应用程序的接口。如果数据模型涉及全行业（即代表设施的全生命期），标准提供了行业各应用软件程序成为可互操作的机会。

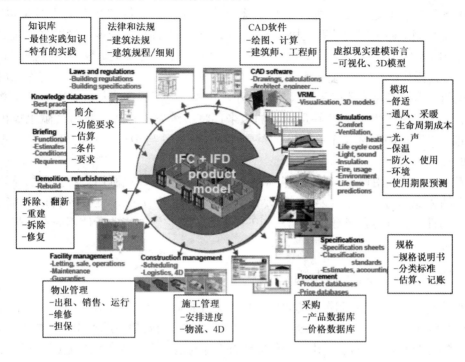

图 4-5　BIM 关系图

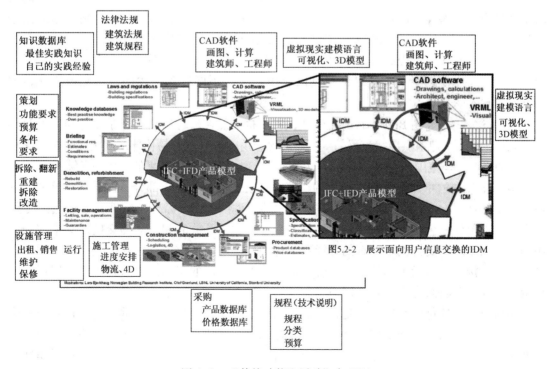

图 4-6　"传统功能和活动"与 BIM

NBIMS 委员会不打算开发或实施软件或集成系统，或提供技术和数据处理服务。然而，NBIMS 项目会通过标准为那些从事概念开发、外包、宣传和教育的人员提供支持。NBIMS 和工具制造商之间的关系是协作关系。第 4 章有预计信息交换内容的详细规定，第 5 章有关于标准制订和使用的详细规定。总之，NBIMS 主要是确立方法，指导制订和描述开放的、可互操作的建筑信息交换的方法，与典型业务流程一致并对其起支持作用的交换数据集说明，以及将交换数据集纳入其他人开发的软件应用程序和集成解决方案的说明。

最后，传统的计算机 CAD 在可预见的未来还将继续发挥作用，参考文献也提供国家 CAD 标准（NCS）的链接，介绍 NCS 的重要持续作用及其与 3D、4D 和其他虚拟模型和工程环境的关系。

随着有更多的应用程序和 web 服务系统开发出来为建设行业所用，就会更加需要将引用的数据纳入某些系统，这些系统需要该数据管理用于分析和决策支持的智能系统。NBIMS 计划推动了制定这类数据的结构和工作流程，使它纳入行业所使用的软件产品中。

3. 现实 BIM 是软件间信息无缝交换

正如《NBIMS》所言：目前没有可以支持建设行业全部范围内工作的软件应用程序，可能永远也不会有。随着 BIM 的使用逐步扩大，NBIMS 委员会希望通过 NBIM 标准创造一种能力：各方都能选到最适合自己要求，深信能够自由地与他方协作并高效地交换数据的软件。

软件的可互操作性是在软件层面上多个有其不同内部数据结构的应用程序之间的信息的无缝数据交换。就软件来讲，术语互操作性用来描述不同程序通过一套共同的业务程序，读取和写入相同的文件格式，使用相同的协议进行交换数据的能力。可互操作性的实现是通过将每个参与应用程序的内部数据结构的组成部分映射（mapping）到通用的数据模型，反之亦然。如果采用的通用数据模型是开放性的，任何应用程序都可以参与映射过程，因而与参与映射过程的其他任何应用程序形成了可互操作关系。可互操作性消除了将每个应用程序（不同版本的程序）与别的应用程序（不同版本的程序）的集成工作，大大降低了成本。

NBIMS V1-P1 介绍 BIM 的视野比较宽，它不是聚焦在软件产品和行业实施 BIM 的具体案例分析，而是从建筑供应链流程的全生命期视野角度列出以贸易伙伴之间定义和标准化信息交换的必要工作范围，针对这些工作的建议及展现适当原则和结果的工作进展例子。

NBIMS 计划的重点在于全生命期的建筑信息模型的业务要求部分，提供了要求和详细说明，供软件开发人员在应用程序中实现。委员会将 NBIMS 标准与软件开发人员的工作分离使得单个软件公司可以按照各自意愿基于单纯的、开放的和中立的交换标准来编制应用程序，而不需要支持很多专有的翻译器。这种方法使许多应用程序在设施全生命期中做出贡献，承接上一阶段工作的信息，转而提供给下一阶段的工作。然后，每个应用程序都免费将最佳实践收入囊中，再向用户提供具体的功能。

如前所述，软件的互操作性是各种类型的应用程序之间的无缝数据交换，各应用程序可能都有自己的内部数据结构。软件的集成是互操作性的一个特殊情况，在那里，相同的数据模型用于单独的应用程序，或两个应用程序之间发生特定的集成。这样，互操作性是在有限的应用程序组内实现（通常该组的应用程序各自服务于不同的学科、行业过程或业务情况）。通过同意共享数据模型或执行指定的集成，软件开发商寻求市场的优势。**数据集被直接导入和/或导出，或应用程序界面直接访问数据文件。传统上，集成的数据模型和应用程序都是专有的。**如果原始数据格式因某种原因而改变，所有集成的应用程序必须重新集成。单个组织可能支持数十个专有的数据格式，其中各个应用程序必须与其他集成。在典型的组织中，这可能需要维护数以百计的集成，或需要避免通过分离功能操作和依靠手动重新键入信息进行集成，这种做法较为常见。

4. BIM 与 "BIM 软件"

图 4-7 将图 4-5 的单一 BIM 数据库分解为建筑、结构、机电（水暖电）三个数据库存储，并为完成全生命期的任务提供信息，与之对应的任务应用软件及 BIM 建模软件关系如图 4-8 所示。

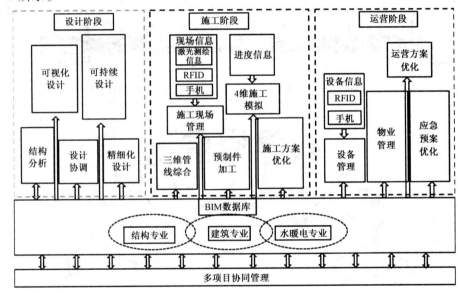

图 4-7　设施全生命期 BIM 实施图

从图 4-8 我们似乎看到了 BIM 就是软件，三个建模软件创建了设施全生命期的所有 BIM 数据，三个集成软件产生 BIM 数据库。

图 4-9 显示了实际工程从规划、设计、施工、运维、拆除过程的"建物"任务。

为了使设计符合技术规范、更合理、施工满足设计要求、运维更节省，即把每项任务完成得更好，对设施全生命期任务需要进行优化、管理。图 4-10 显示了设施全生命期主要"建物"和优化及管理任务（传统功能和活动）。

无论如何，在中国，过去及今后很长一段时间内图 4-10 任务都不会改变。提高质量与效率是我们的不变追求，我们一直在使设计软件升级（即使可以把水、暖、电设计合为一个软件，但专业任务分工还是不变）、采用更好的施工机械，改善组织管理；我们一直寻求改变而多少年来始终难以改变的就是使各个任务之间信息共享、协同工作理想，如图4-11 所示。

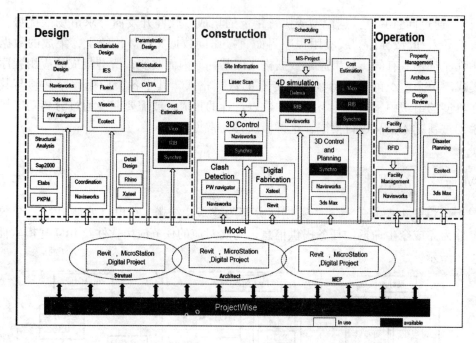

图 4-8　设施全生命期 BIM 建模软件及任务软件关系图

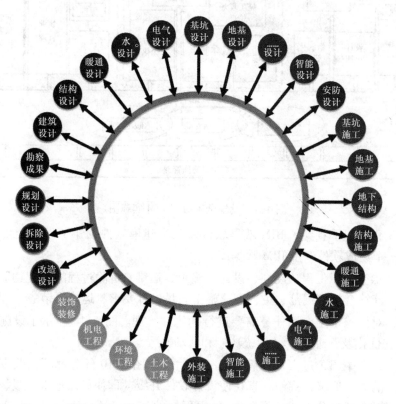

图 4-9　设施规划、设计、施工、运维、拆除全生命期"建物"任务

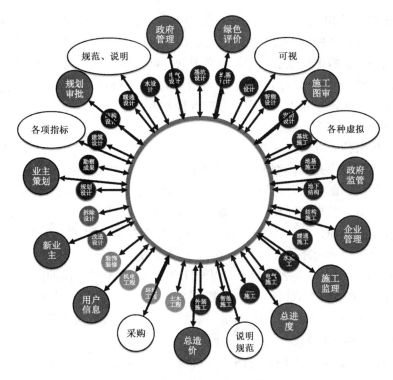

图 4-10 设施全生命期主要任务

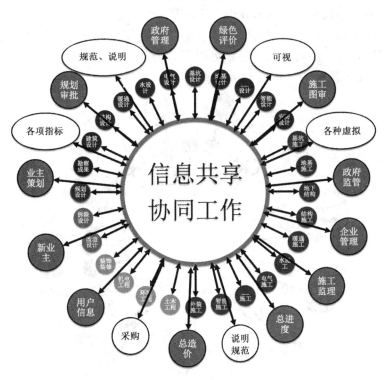

图 4-11 如何使所有任务信息共享、协同工作

今天终于遇上了 BIM，为我们指明了追求理想的方向。美国 NBIMS 委员会认为，建设行业要保持广泛而持久的效率需要所有参与的应用程序通过交换定义、采用公开的交换数据模型、采用与交换数据模型通用的界面实现软件可互操作性。如果交换数据模型是全行业的（即代表设施/建筑的全部领域），它为行业的各软件应用程序提供了成为可互操作的机会。相比之下，集成排除了与应用程序的互操作性，它不能共享（专有的）数据模型，从而限制了行业的灵活性和效率。

从查理·伊斯特曼发表第一篇关于今天我们所说的 BIM 的理论至今，已经有 30 多年了"……在一个数据库化的模型上操作得到平、立、剖和透视图；对该模型的一处进行修改，反映该处的所有图纸都会得到自动地、立刻地更新……"。后来人们不断沿着他的方向，加入"追求数据共享、互相衔接、数据在建筑全生命期全过程应用"等的理想。这一系列的理想和基本原理，在过去几十年和现在，甚至在可预见的未来都没有可能完全实现。但它们一直是行业研究的方向以及软件产品开发的依据。

BIM 价值的最大化实现需要依赖于不同项目成员和应用软件之间的信息自由流动，从而使每一位项目成员在他的专业(任务)工作需要的时候都能够从上游成员已经收集的信息中及时得到他需要的具有质量保证的信息，同时该项目成员收集或更新的信息也遵守所有上游成员同样的信息管理和共享规则，使其后的下游成员仍然能够在适当的时候得到适当的信息。

现在我们再比较一下图 4-8 与图 4-11，将图 4-8 中的"Model"及其发生器——"BIM 软件"放入图 4-11 中（图 4-12），认真思考我们把研究的重点放在研究"BIM 软件"是否实现项目建设全生命期利益相关各方需要的信息共享、协同工作的理想、如何实现、什么时候能实现？BIM 与"BIM 软件"的关系值得我们深思，当您牢记 BIM 的目标后再分析"BIM 软件"的功能，也许就可以回答为什么我们都认同 BIM 不是软件而离开"BIM 软件"就无从谈及 BIM 的现实矛盾了。

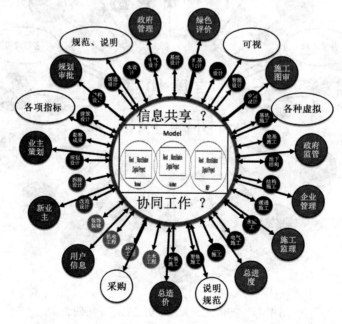

图 4-12　BIM 与"BIM 软件"的思考

图 4-1 的标题 "BIM 没有软件"，也许在提醒我们应该真正理解 BIM 的重点不在于应用软件，而在于应用软件需要的信息交换模型视图。"不同软件产生的数据存放在 Excel 表里面"。这是美国 HOK 公司的 VDC/BIM 团队在回答我们 "各专业使用不同软件产生的信息如何存放和存档？" 问题时的答案，如果信息交换模型视图是 Excel 表，从 BIM 是软件间信息无缝交换的观点出发或许可以认可 "BIM 没有软件"，但 Excel 表数据正确与否还需要软件认证。

另一方面，即使是最好的包罗万象的一个建模软件产生的单一建筑信息模型，或者是包罗万象的建筑、结构、机电三个建模软件产生的三个子建筑信息模型，都需要把项目其他利益相关者需要的信息交换模型视图（Process Scope BIM），也就是 BIM 数据库的外模式分解出来交付各方（图 4-13），因为事情是靠大家干的。

将图 4-13 根据目前的 "BIM 建模软件" 功能进行分解（图 4-14），如果 "BIM 建模软件" 是设计软件，目前他还不满足中国的工程建设标准规范要求更不满足设计深度规定要求，如果 "BIM 建模软件" 是数据库软件，它只有概念模型而缺乏用户需要的外模式。可见，"BIM 建模软件" 要在我国实现其 "设计功能" 和 "BIM 功能" 还有很长的路要走。

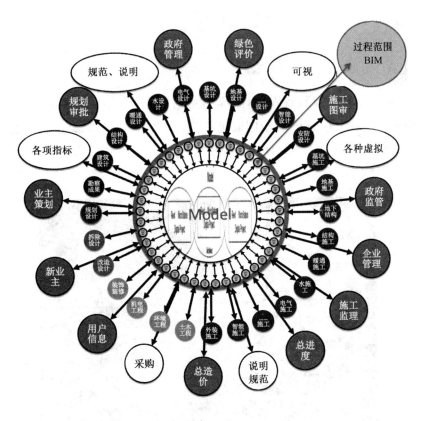

图 4-13

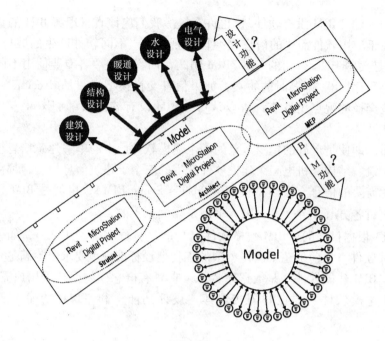

图 4 - 14

5. BIM 与 CAD

由手工绘图到 CAD，是设计人员对两者优势对比的明显结果。从业人员在短期内体会到 CAD 的应用价值，大量的 CAD 绘图取代了手工绘图（图 4-15），尽管初期的 CAD 软件还存在诸多问题，但与手工绘图相比绝大部分人还是喜欢 CAD，为"革命"创造了条件，量变迅速发生质变。

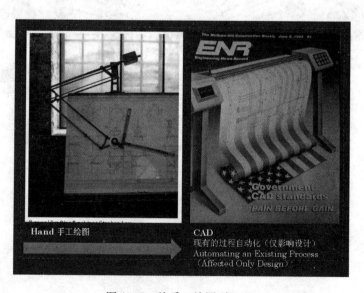

图 4-15　从手工绘图到 CAD

建筑全行业都认为 BIM 是计算机应用技术发展的必然，但相对于 CAD 对手工绘图"革命"的迅猛和普及绝不能同日而语。CAD 相对于手工绘图仅是现有的过程自动化（Automating an Existing Process），仅影响设计（Affected Only Design）；而 BIM 是设施和基础建设信息（Information For Facility & Infrastructure）相对于 CAD 将产生新的业务流程（New Business Processes），两者差别甚大（图 4-16）。

图 4-16 CAD 与 BIM

如果按照计算技术和信息技术对于建筑业的影响来划分时代的话，以手工绘图时代、CAD 时代及 BIM 时代划分并不尽合理。

（1）手工时代

在发明计算机之前，人们利用简单的计算工具解决工程技术问题。

中国古代最早采用的一种计算工具叫筹策，又被叫作算筹，近代使用的珠算盘是中国古代计算工具领域中的另一项发明，明代时的珠算盘已经与现代的珠算盘几乎相同。算盘是阿拉伯数字出现前广为使用的计算工具。

17 世纪初，西方国家的计算工具有了较大的发展，英国数学家纳皮尔发明的"纳皮尔算筹"，英国牧师奥却德发明了计圆柱形对数算尺，这种计算尺不仅能做加减乘除、乘方、开方运算，甚至可以计算三角函数，指数函数和对数函数，这些计算工具不仅带动了计算器的发展，也为现代计算器发展奠定了良好的基础，成为现代社会应用广泛的计算工具。

计算尺是 20 世纪 70 年代中国工程技术人员必备技术工具。

1642 年，年仅 19 岁的法国伟大科学家帕斯卡引用算盘的原理，发明了第一部机械式计算器，在他的计算器中有一些互相联锁的齿轮，一个转过十位的齿轮会使另一个齿轮转过一位，人们可以像拨电话号码盘那样，把数字拨进去，计算结果就会出现在另一个窗口中，但是只能做加减计算。1694 年，莱布尼兹在德国将其改进成可以进行乘除的计算。此后，一直到 20 世纪 50 年代末才有电子计算器的出现。

计算器成为 20 世纪 70 年代末 80 年代初中国工程技术人员的必备技术工具。

在手工时代，借助各种计算工具，完全依靠人脑的思维与判断，我们建成了大量中国古建筑。依靠计算工具的提升，从算盘、计算尺到计算器（图4-17），使我们提高了工作效率，减少出错率。

手工时代计算工具的提升导致计算机的出现，为我们结束手工时代创造了条件。部分人脑的思维与判断可以通过计算机实现，伴随着解决工程技术问题需要的计算机应用软件的完善，我们基本结束了手工时代。但一个时代的结束并不意味着抛弃其时所用的工具，即使在计算机被工程界普遍应用的今天，计算器也还以其简单、方便的形式成为计算机的最佳伴侣（图4-18）。

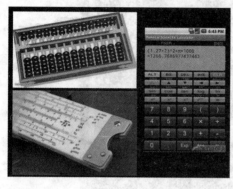 

图4-17　计算工具提升　　　　　　图4-18　计算机的最佳伴侣

（2）键盘时代

计算器使用的是固化的处理程序，只能完成特定的计算任务；而计算机借助操作系统平台和各类应用软硬件，可以无限扩展其应用领域。也就是说，计算机与计算器二者的本质区别就在于是否具有扩展性。

计算机将把人脑的知识尽可能固化在软件中，计算机可以进行复杂计算，还可以很好地解决工程上的非线性问题，20世纪80年代，复杂工程问题的计算机应用软件应运而生。随着计算机技术发展与计算机辅助设计软件的日益完善，成功"甩图板"，人们可以利用计算机完成全部任务。

人脑的知识与判断被固化在计算机软件中，通过键盘进行"人机对话"完成工作，键盘成为人们的主要工作对象，一切信息从键盘输入后交由计算机完成任务，我们的工作方式进入了键盘时代。

计算机计算结果是数字表达，要把房子造起来需要图形与数字结合的"图纸"，图纸是千百年来工程建设不可或缺的表达方式，至今不衰，在我们可预见的将来也会持续其伟大意义，只不过可能部分以"图屏（幕）"而不是"图纸"形式表达而已。

计算机辅助设计（CAD-Computer Aided Design）指利用计算机及其图形设备帮助设计人员进行设计工作。在设计中通常要用计算机对不同方案进行大量的计算、分析和比较，并由计算机自动产生的设计结果，快速做出图形，利用计算机可以进行图形的编辑、放大、缩小、平移和旋转等有关的图形数据加工工作。CAD计算机辅助设计不仅仅是计算机辅助出图，CAD软件是计算机辅助设计成果的综合应用表达。

在过去的20年中，CAD（Computer Aided Design）技术的普及推广使建筑师、工程师们将计算分析成果以手工绘图表达走向了电子绘图表达，达到数与图的一致性。图纸转变成计算机中 2D 数字模型的创建。

随着个人计算机计算能力的提高，建筑设计中的 CAD 出现了更为高级的基于 Object（对象）的 CAD 应用软件。其中的数据"对象"，如门、墙、窗、屋顶等，在包含建筑图形数据的同时，也储存了建筑的非图形数据。这些系统支持三维的建筑几何模型，并从三维模型中生成二维图纸。但基于 Object（对象）的"对象 CAD"系统仍然是以 CAD 为基础的，即用基本的图形文件存储和管理数据。

计算机辅助工程设计的进一步发展是对计算机应用软件的升级。多年来，国际学术界一直对如何在计算机辅助建筑设计中进行信息建模进行深入的讨论和积极的探索。为了使建筑信息模型能够支持建筑工程全生命周期的集成管理环境，因此建筑信息模型的结构是一个包含有数据模型和行为模型的复合结构。它除了包含与几何图形及数据有关的数据模型外，还包含与管理有关的行为模型，两相结合通过关联为数据赋予意义。在实际操作上，由于软件本身的缺陷限定了不能把大型建筑单独建模，目前把各个专业综合到一个模型中只存在理论上的可能性。因此，计算机辅助设计的软件系列中增加了数字三维软件，为实现软件数据互用、多方协同工作创造了条件。

键盘时代主要依靠计算机辅助设计的各种软件升级为我们提高工作效率与质量（图 4-19）。

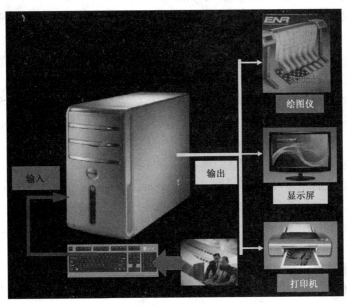

图 4-19　键盘时代工作方式图

（3）集成时代

集成（integration）就是一些孤立的事务或元素通过某种方式集中在一起，产生联系，从而构成一个有机整体的过程。

制造业在信息化技术的应用上遥遥领先于建筑业。如今制造业的新的信息技术为 PDM 技术，基于此技术的 PLM 理念近年来已经成熟，并广泛应用于实践中，产生了巨大的经济效益和社会贡献，同时 PLM 理念正在向其他行业渗透。相比制造业信息化发展的迅速而彻底，建筑业的信息化水平还处于初级阶段。如何把握住新的信息技术革命来完成建筑业的跨越发展，成为当前建筑业的首要任务。中国 BIM 技术的发展有必要借鉴制造业成功的 PDM 技术和 PLM 理念。

PLM（product lifecycle management）产品生命周期管理，PLM 是一种应用于在单一地点的企业内部、分散在多个地点的企业内部，以及在产品研发领域具有协作关系的企业之间的，支持产品全生命周期的信息的创建、管理、分发和应用的一系列应用解决方案，它能够集成与产品相关的人力资源。PLM 主要包含三部分，即 CAX 软件（产品创新的工具类软件）、cPDM 软件（产品创新的管理类软件，包括 PDM 和在网上共享产品模型信息的协同软件等）和相关的咨询服务。

从另一个角度而言，PLM 是一种理念，即对产品从创建到使用，到最终报废等全生命周期的产品数据信息进行管理的理念。在 PLM 理念产生之前，PDM 主要是针对产品研发过程的数据和过程的管理。而在 PLM 理念之下，PDM 的概念得到延伸，成为 cPDM，即基于协同的 PDM，可以实现研发部门、企业各相关部门，甚至企业间对产品数据的协同应用。

PDM 的中文名称为产品数据管理（Product Data Management）。PDM 是一门用来管理所有与产品相关信息（包括零件信息、配置、文档、CAD 文件、结构、权限信息等）和所有与产品相关过程（包括过程定义和管理）的技术。

PDM 以软件为基础，它提供产品全生命周期的信息管理，并可在企业范围内为产品设计和制造建立一个并行化的协作环境。PDM 的基本原理是，在逻辑上将各个 CAX 信息化孤岛集成起来，利用计算机系统控制整个产品的开发设计过程，通过逐步建立虚拟的产品模型，最终形成完整的产品描述、生产过程描述以及生产过程控制数据。技术信息系统和管理信息系统的有机集成，构成了支持整个产品形成过程的信息系统，同时也建立了计算机/现代集成制造系统（CIMS，Computer Integrated Manufacturing Systems 或 contemporary）的技术基础。通过建立虚拟的产品模型，PDM 系统可以有效、实时、完整地控制从产品规划到产品报废处理的整个产品生命周期中的各种复杂的数字化信息。

建筑业和制造业有很多相同点，但又有自身特征，一个工程项目是在业主的主持下，经过决策、立项、设计、施工、监理、验收等一系列过程才能建成和交付使用并进入物业管理阶段。在这个过程中，传统上众多独立法人企业像"接力赛"一样对项目进行"加工"，这是建筑业区别于制造业的最大特点。

许多企业采用计算机辅助技术，如 CAD，CAPP，CAM 等。这些独立的系统分别在产品设计自动化、工艺过程设计自动化和数据编程自动化方面起到了重要的作用。但是，这些计算机辅助技术是单独发展起来的，这些技术的应用多为分散孤立的单项应用，它们本身并不具备互相集成的能力，不能实现系统之间信息的自动化传递和交换，存在大量的二次重复输入问题，在企业实际应用中，就形成了许多自动化的信息孤岛。

随着企业信息化进程的发展，企业所使用的应用软件越来越多，信息集成的深度和广度也发生了变化，从初始的信息集成发展到今天的过程集成（如并行工程），并进一步要求企业间的集成（如敏捷制造等）。随着 PDM 系统（产品数据管理系统）的引入，用户一方面希望它能实现对各种软件所产生的数据和文档进行有效的管理；另一方面也希望在 PDM 环境下做到应用软件间的信息共享、用户间的协同工作、应用系统与 PDM 系统中数据对象的一致性以及设计信息与经营管理信息间的集成。以上这些都要求将过去基于数据库实现系统集成的传统方法改变为基于 PDM 的应用集成。

PDM 系统通过集成接口与各应用系统和管理系统进行数据交换和集成，PDM 系统集成了所有与产品有关的数据并保存在 PDM 系统数据库中，PDM 系统负责管理所有的数据并与其他系统进行信息交换。在集成框架下，PDM 系统可以统一管理与产品生命周期有关的全部信息，计算机辅助设计（CAD，CAD‑Computer Aided Design）、计算机辅助工艺过程设计（CAPP，computer aided process planning）、计算机辅助制造（CAM，computer Aided Manufacturing）、企业资源计划（ERP，Enterprise Resource Planning）系统之间不直接进行信息的交换，它们之间的信息传递都成了分别和 PDM 系统之间的信息交换，CAD、CAPP、CAM、ERP 系统通过 PDM 系统提供的接口从 PDM 系统中提出各自需要的信息，各自应用的结果也放回 PDM 系统数据库中，从而实现了企业各管理系统的集成。

AIA 高级会员、LEED AP，HOK 主席兼首席执行官、buildingSMART International 主席 MACLEAMY 先生曾回忆说："1995 年，在 BIM 这个术语出现以前，美国的 12 个公司联合在一起组成了一个小组。我们原是打算制定一项获取数据并使用数据的协议，从而取代仅仅是只有图纸的情况。为此，我奔走于欧洲和东亚，招揽更多对此感兴趣的人，共同成立了国际数据互用联盟（IAI），像建筑行业内的一个小联合国一样。后来，我们改名为 Building SMART International（国际智能建筑）"。

无论是对象 CAD 软件或是数字三维建模软件都为协同工作奠定了基础，通过数据交换标准及协同工作平台可以将项目需要的不同软件及不同参与人员集合在同一平台上信息及时共享、协同工作，构成一个整体完成任务。一项具体技术的协同能力能够在实际项目中提高其效率。如项目团队各方能够在不同的应用程序和平台间自由地交换数据，他们之间就能更好地集成项目交付。随着项目团队内部的集成度提高，他们越来越需要一个能够从这样一种合作关系中获利的技术方案。

随着云技术、互联网技术的发展，建筑业的工作方式将逐步进入集成时代。

手工时代以计算工具提高工作质量与效率；键盘时代以应用软件升级提高工作质量与效率；集成时代则在应用软件不断升级的同时以信息共享和协同工作方式提高工作质量与效率。与键盘时代不同的是，集成时代工作方式必须借助于项目任务前期已有信息及为后期提供相关信息。

以《美国建设行业协同能力研究报告（2007）》中关于协同能力、BIM、BIM 与协同能力、软件使用的有关描述让我们更进一步理解图 4‑14。

● 协同能力（Interoperability）的定义

业内对协同能力有着狭义、广义两种观点。狭义是指从纯技术出发，将其定义为"管理和沟通项目合作各方之间的电子产物和项目数据的能力"；广义则是超出技术扩展到文化（理念）层面，其定义为"实施和管理集成式项目的多专业团队各方之间合作关系的能力"。

但是这些观点也都是相互关联而且同步（增减）的。一项具体技术的协同能力能够在实际项目中提高其效率。如项目团队各方能够在不同的应用程序和平台间自由地交换数据，他们之间就能更好地集成项目交付。随着项目团队内部的集成度提高，他们越来越需要一个能够从这样一种合作关系中获利的技术方案。

● BIM 的定义

类似于协同能力，BIM 也可从技术、管理两方面进行定义。美国建筑科学研究院（NIBS）在其 BIM 国家标准中的定义是"一个设施的物理与功能特性的数字化表达，为设施全生命期内相关决策提供可靠的共享信息资源。"资源数据库中包括了信息体组成的物理与功能特性，而不再是传统的线段和文字。BIM 能够以多种形式表达数据，包括二维图纸、清单、文本、三维图像、动画，还有工期（4D）和成本（5D）的要素。

如前所述，BIM 还是一种在设施的全生命期中分享数据的方式（注：管理方面的定义）。这些数据包括初设数据、地理信息、财务与法务信息、机电设计、建筑用产品说明、环境与能源模拟结果，以及项目全生命期内被建筑师、工程师、承包商和业主（AEC/O）和项目竣工后被设施管理人员调用的其他信息。

● BIM 与协同能力

随着 BIM 的应用，协同能力也受到了关注。BIM 不仅实现了三维设计，而且还是设施的物理与功能特性的强大数据库。BIM 数据在项目团队各方中的共享，对于 BIM 应用的优化提升至关重要。协同能力就是对此的重要因素。项目团队内在不同的应用程序和平台上重复输入数据，造成了各方面巨大的浪费。

在 BIM 应用的影响因素中，改善协同能力是其中非常重要的一项。

● 软件使用

项目团队各方目前共计使用数百家公司开发的数千种应用软件（图 4-20）。但由于这些软件都是为某一特定工作任务而开发的，互相之间无法进行共享数据。因此导致项目团队各方需要重复数据，迫切需要一种共同工作方式来改善软件协同能力。

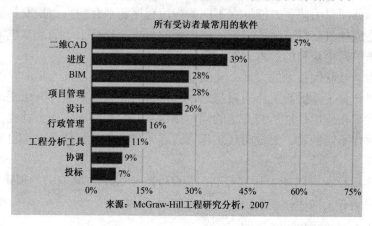

图 4-20　常用软件

● 二维 CAD 是业内最常用的软件（57%），尤其是建筑师和工程师；
● 进度软件也经常得到使用（39%），尤其是承包商和业主；
● BIM（软件）虽是新兴事物，但也有 28% 的受访者频繁使用它。

项目团队各方都希望各种应用软件间能无缝交互数据，尤其是二维 CAD、BIM 软件和项目管理软件之间。

图 4-20 中的 BIM 软件在实际应用中可能存在三种情况：

（a）三维设计软件；

（b）三维设计软件＋数据库；

（c）三维设计软件＋满足项目相关方决策需要信息的数据库。

对于情况（b），"BIM软件"虽然可以产生一个数据库，但项目相关方不能从中获得数据或获取数据的代价太大，那它实际上还是个三维设计软件；只有将数据库中的数据根据项目相关方要求"按需分配"，项目相关方可以自动读取，才能真正实现BIM功能。"BIM软件"要达到（c）的水平，必须要有统一的数据标准才能实现。

因此，现在的"BIM软件"离我们时常听说信息共享、协同工作、对项目参与各方有诸多好处的BIM还有相当一段距离。

信息协调、共享、协同工作是BIM基本原理，我们可以通过编制"BIM软件"建模标准及其与各种应用软件信息共享、协同工作标准实施BIM；同样，我们也可以按照数据库的分布式系统结构原理（图4-21）建立一种信息协调机制（不依赖"BIM软件"）标准及所有应用软件信息共享、协同工作标准实施BIM。

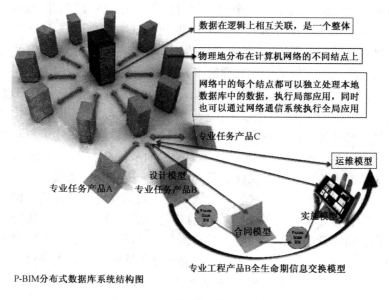

图4-21 分布式数据系统结构实施BIM

第五章 BIM 与用户

我们经常听到 BIM 的诸多好处，也不时感觉 BIM 的难处，作为一个普通 BIM 用户，我们该以什么态度面对 BIM 是在当今 BIM 大潮中需要冷静思考的问题。

1. BIM 用户的激动

作为 BIM 用户，经常可以听到以下让我们激动的论述。

（1）对于 BIM 的整体评价

BIM 是建筑业的信息革命，目前已经逐渐汇集成了一股潮流，席卷世界的同时，也影响了中国。BIM 建筑信息模型作为一个重要项目，住房和城乡建设部《2011~2015 年建筑业信息化发展纲要》中明确指出"十二五"期间，基本实现建筑企业信息系统的普及应用，加快建筑信息模型（BIM）、基于网络的协同工作等新技术在工程中的应用，推动信息化标准建设。经过国内外近十年的理论研究和工程实践，BIM 技术正在快速和深刻地影响着整个工程建设行业，今后 BIM 技术将成为提高我国企业技术与管理水平的重要工具。

建筑信息模型通过参数化实体造型技术使计算机可以表达真实建筑所具有的信息，信息化的建筑设计得以真正实现，突破了千百年来用抽象的视觉符号来表达设计的固有模式。BIM 建筑信息模型的发展，不仅仅是现有技术的进步和更新换代，它也将间接表现在生产组织模式和管理方式的转型，并更长远地影响人们思维模式的转变。BIM 这场信息革命，将不受个人好恶和思维习惯的束缚而向前推进，它对于工程建设从设计、建造、加工、施工、销售、物业管理等各个环节，对于整个建筑行业，都必将产生深远的影响。建筑信息模型的建立，是建筑领域的一次革命。它颠覆了传统的建筑设计模式、工程造价模式和施工模式。它通过对项目的各种物理和功能特性的数字表达，获得知识资源的共享，为各种决策提供依据。它的核心是通过建立虚拟的建筑工程三维模型，利用数字化技术提供完整的与实际情况一致的工程信息库。

建筑信息模型将成为项目管理强有力的工具。它不同于传统的由点到线、由线到面、由面到体的一维、二维到三维的顺序思维模式，是由施工人员通过平面、立面和剖面图来想象建成后的设施应该是个什么样的，是由具体的图纸到抽象的建筑物的一个过程。而 BIM 建筑信息模型恰恰相反，它是由一个三维的立体模型表述，它涵盖了工程的所有信息，让施工人员先看到建成后是个什么样子，然后根据需要，从模型里抽取不同的信息。比如：施工图中的结构图纸、给排水图纸、装修图纸等，这是一个从具体到具体的过程，它直观、形象，将复杂问题简单化，是一次质的提升和飞跃。

建筑信息模型适用于项目建设的各阶段。它应用于项目全寿命周期的不同领域。从项目决策阶段的策划到方案论证，投资方可以使用 BIM 来评估方案的布局、视野、照明、安全、人体工程学、声学、色彩及规范的情况。迅速分析设计和施工可能需要应对的问题。

BIM 提供低成本的、便捷的不同解决方案，供项目投资方选择。通过数据对比和模拟分析，找出不同解决方案的优缺点，从而确定方案。它弥补了业主及最终用户因缺乏对传统建筑图纸的理解能力而造成的与设计师之间的交流鸿沟。

（2）描述 BIM 为业主策划初期带来益处

建立建筑信息模型后，可以很方便地引入虚拟现实技术，实现在虚拟建筑中的漫游。传统的房地产销售方式主要是通过平面户型图、建筑模型、效果图及各种媒体广告的形式来推出楼盘。销售人员与购房者或租户之间的交流比较困难。而借助基于建筑信息模型的虚拟漫游技术，可进入虚拟建筑中的任何一个空间，可在电脑的样板房中漫游，可带着购房者参观虚拟样板间、亲身感受居室空间、实时查询房间信息、实时家具布置、引导购房者或租户合理使用物业。顾客可以在几年后才建成的虚拟小区中漫游，站在阳台上观看、感受小区建成后的优美环境；顾客可以在虚拟的购物中心中漫游，身临其境地感受优美的购物环境和热烈的商业氛围。

（3）描述 BIM 为设计阶段带来益处

建筑设计专业可以直接生成三维实体模型；结构专业则可取其中墙材料强度及墙上孔洞大小进行计算；设备专业可以据此进行建筑能量分析、声学分析、光学分析等；施工单位则可取其墙上混凝土类型、配筋等信息进行水泥等材料的备料及下料；发展商则可取其中的造价、门窗类型、工程量等信息进行工程造价总预算、产品订货等；而物业单位也可以用之进行可视化物业管理。BIM 在整个建筑行业从上游到下游的各个企业间不断完善，从而实现项目全生命周期的信息化管理，最大化地实现 BIM 的意义。

建筑信息模型使建筑师们抛弃了传统的二维图纸，不再苦于如何用传统的二维施工图来表达一个空间的三维复杂形态，从而极大地拓展了建筑师对建筑形态探索的可实施性，自由形态不再是电脑屏幕上的乌托邦想象。BIM 让建筑设计从二维走向了三维，并走向了数字化建造，这是建筑设计方法的一次重大转型。

建筑信息模型使得设计修改更容易。只要对项目做出更改，由此产生的所有结果都会在整个项目中自动协调，各个视图中的平、立、剖面图自动修改。建筑信息模型提供的自动协调更改功能可以消除协调错误，提高工作整体质量，使得设计团队创建关键项目交付文件（例如可视化文档和管理机构审批文档）更加省时省力，再也不会出现平、立、剖面不一致之类的错误。

在二维图纸时代，各个设备专业的管道综合是一个烦琐费时的工作，做得不好甚至经常引起施工中的反复变更。而 BIM 将整个设计整合到一个共享的建筑信息模型中，结构与设备、设备与设备间的冲突会直观地显现出来，工程师们可在三维模型中随意查看，且能准确查看可能存在问题的地方，并及时调整自己的设计，从而极大地避免了施工中的浪费。

建筑信息模型使建筑、结构、给排水、空调、电气等各个专业基于同一个模型进行工作，从而使真正意义上的三维集成协同设计成为可能。

（4）描述 BIM 为施工阶段带来的益处

在建筑生命周期的施工阶段，建筑信息模型（BIM）可以同步提供有关建筑质量、进度以及成本的信息。它可以方便地提供工程量清单、概预算、各阶段材料准备等施工过程中需要的信息，甚至可以帮助人们实现建筑构件的直接无纸化加工建造。利用建筑信息模型，可以实现整个施工周期的可视化模拟与可视化管理。

建筑信息模型可以帮助施工人员促进建筑的量化，以进行评估和工程估价，并生成最新评估与施工规划。施工人员可以迅速为业主制定展示场地使用情况或更新调整情况的规划，从而和业主进行沟通，将施工过程对业主的运营和人员的影响降到最低。建筑信息模型还能提高文档质量，改善施工规划，从而节省施工中在过程与管理问题上投入的时间与资金。最终结果就是，能将业主更多的施工资金投入到建筑，而不是行政和管理中。

(5) 描述 BIM 为运维阶段带来的益处

竣工模型的交付及资产管理。项目完成后的移交环节，设施管理部门需要的不仅仅是常规的设计图纸、竣工图纸，还需要能正确反映真实的设备状态、安装使用情况等与运营维护相关的文档和资料。一套有序的资产管理系统将有效提升资产管理水平，但由于建筑施工和运营的信息割裂，使得这些资产信息需要在运营初期领先大量的人工操作来录入，而且很容易出现录入错误。BIM 中包含的大量建筑信息能够顺利导入资产管理系统，大大减少了系统初始化在数据准备方面的时间及人力投入。

在建筑生命周期的运维管理阶段，建筑信息模型可同步提供有关建筑使用情况或性能、入住人员与容量、建筑已用时间以及建筑财务方面的信息。建筑信息模型可提供数字更新记录，并改善搬迁规划与管理。有关建筑的物理信息（例如完工情况、承租人及部门分配、家具和设备库存）和关于可出租面积、租赁收入或部门成本分配的重要财务数据都更加易于管理和使用。稳定访问这些类型的信息可以提高建筑运营过程中的收益与成本管理水平。

2. BIM 信息创建者的沮丧

BIM 信息创建者，经常可以听到以下让我们沮丧的言论：

BIM 不是单纯的技术问题，BIM 是"经济技术学"问题（也许还包含政治，因此可能是政治经济技术学）。在我国研究与实现 BIM 技术，不仅需要雷锋精神，同时又要充分考虑社会主义市场经济的现实环境。

一个工程项目的建设过程涉及了众多的参与方，包含了规划、勘察、设计、施工、安装、装修、运维等几十甚至上百个单位和组织，这些参与单位本身都是经营的独立体。因此，由于现行"三维 BIM"给自己带来工作量的增加和工作方式的改变，其必然会仅从自身利益出发，来考虑进行 BIM 的工作，而绝不会去顾及其他组织的应用需求。

在缺乏利益驱动下，设计院绝不会为施工企业的需要而花更多的精力去完成为下游需要的 BIM 数据，因而也就无法实现 BIM 的应用价值。

房地产公司更多关注的是将工程建筑转化为商品来进行出售，建筑的运营已转移和分散到若干独立的房屋业主身上，房地产公司也就不会为这些建筑的长期使用和运营承担更多的成本投入，大部分业主对 BIM 的理解目前还仅仅三维建筑模型的阶段，目前业主不会为 BIM 埋单，也就无法促使某阶段的参与单位（如设计院）在自身 BIM 构建中考虑其他阶段（如施工企业）的应用需求。

大型工业集团来自于其今后长期运营的需求，因为这些工程建设项目（如发电厂、水利大坝、铁路、公路、石油管线等）运营是要主要的使用方式，在其年复一年的运营中，

BIM 将为其降低大量的运营成本，产生更多的应用价值。因而自发性地产生 BIM 应用需求，投入专项资金，要求设计方、建设方、使用方进行 BIM 应用建设。但这并不足以成为 BIM 发展的主导力量。

BIM 技术与 BIM 利益是矛盾的共同体，在解决 BIM 技术要求的信息共享、协同工作的同时也要研究 BIM 利益的利益共享、分配协调问题，如何使 BIM 参与者共同获利是推广 BIM 必须解决的难题（图 5-1）。

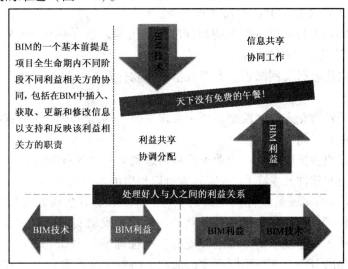

图 5-1　BIM 技术与利益

BIM 关键词之一的建筑设施全生命周期（LifeCycle）很容易陷入空谈，至今大都用于商业目的，而不是实实在在去做。那么，到底应该由谁来"做"全生命周期信息？

设计院的标准回答是：我只负责出图需要的信息，后面的事情（没有额外的费用）与我无关。设计师是不会也不应该去考虑后面有需求而增加与自己业务无关的信息，加入额外信息对他而言既无义务也无回报，更为可怕的是一旦输入错误 BIM 则必须承担设计师难以担负的责任。

施工单位与建造师也是如此。

那么我们唯一能指望的就是业主出资让设计和施工为他"做"运维信息。在中国，我想业主在大部分情形下与其出资让别人"做"还不如等竣工时参考已有设计、施工信息对照实物"做"自己需要的运维信息，这样既实用、可靠还可能省钱。

设计、施工是 BIM 信息的主要创建者，设计为施工、施工为业主，大家都指望业主出钱做 BIM，如果业主不出钱，中国 BIM 指望谁来做？中国 BIM 的最沉重话题：BIM 在中国如何落地？

虽然建模工具为个人用户提供了巨大的优势，但如果利用 BIM 仅仅为了实现"卓越个体"，则低估了 BIM 大规模提升行业整体水平的巨大潜力。

因此，既是 BIM 用户也是 BIM 信息创建者的 AEC 为"孤独的 BIM"感到激动的同时又为利益现实难以实现"社会性 BIM"而感到沮丧。

3. 谁是 BIM 重要用户

《NBIMS》指出：标准在软件中得以实施，它将形成准确高效的通信、建筑行业之间需要的商务活动及行业转型的基础条件。NBIMS 计划成果将是一个公开的、开放性企业数据仓库，内有共享的数据、规则、定义、元数据、信息交换、对基本建设行业所有的利益相关方都有用的 IDM 及基于 IFC 的软件开发商。

NBIMS 标准实施者包括软件开发商和标准编制机构，还有 buildingSMART 联盟成员和与 NBIMS 签署谅解备忘录的支持者。

概念定义应包括数据实例图表、参考表格以及软件开发商为在软件产品中实现要求所需要的所有信息。

让潜在软件开发商介入编制模型视图定义很重要。因此，NBIMS 的程序包括软件供应商审查和发表意见的时间。

交换要求是必须能把信息从一个业务流程传递到另一个流程的文档。在此阶段，内容要采用最终用户而非软件开发商和/或实施者可以理解的术语来表达。

虽然 MVD 规程的实现是软件供应商的责任，NBIM 委员会还是设想由软件开发商和 NBIMS 过程产品保证任务组组成的工作组将协同工作来推动实现、测试和使用活动。

软件供应商在各种深度下的产品继续支持开放性标准的 IFC。每个产品因其内部配置不同，在导入和导出 IFC 上获得不同程度的成功。需要保持将重点继续放在基于 IFC 的用于产品之间通信的中性文件格式的效益上。

NBIMS 鼓励软件供应商参与讨论方法，为可互操作性项目提供开放的框架。这种框架会减少供应商参与 NBIMS 的费用，从而为真正有需求的最终用户提供各项功能，也就提高了各软件系统的易用性。

有些是属于新的下一代标准，如 CSI 的 OmniClass 和 IFDLibrary，包括 IAI 和 CSI 在内的联盟的标准，及国家 BIM 标准等，这些将发布由软件供应商纳入各式各样应用程序的编码。

这些数据结构可以有各种格式，可以是如同 IFC 标准下的 Express – G 格式，可以是 IDEF 格式，或其他任何格式，但应该是存在于一些公认结构中的格式。甚至可以是 Microsoft Access 或 Microsoft Excel 电子表格等格式。通常由软件供应商做出实施决定。NBIMS 目的是确定使用规范化的数据结构，做到维护数据和容易地更改数据。

制定 NBIMS，解决具体信息交换问题的标准通过一个开放性协作过程来制定。这些个体的标准一起定义一套由设施生命周期的业务伙伴创建和共享的完整的共通信息。这些交换软件包汇集产生 BIM 最低要求的定义。很有可能支持 NBIMS 的软件供应商会最终创建软件来支持符合 NBIM 标准的数据存储库，同时作为不支持 NBIMS 信息交换的替代专有格式化存储库。

由此可见，软件开发商首先是 BIM 的重要用户，只有软件开发商将"BIM 标准"内容纳入软件，"社会性 BIM"才有可能得以实施。

4. BIM 标准与用户

图 5-2 表达了《NBIMS》中 BIM 用户与 BIM 模型的关系。没有 IDM，用户就无法创建 BIM，也无法从模型中获取需要的 "Process Scope BIM"。

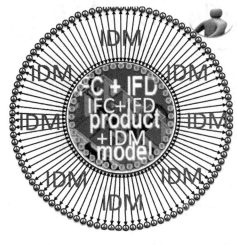

图 5-2

没有 BIM 标准就不可能实现 "社会性 BIM"，所有的 BIM 应用将永远停留在 "孤独的 BIM" 应用水平，那只是使用 "好软件" 而已。

BIM 标准谁来做？从使用者角度来看（图 5-3），并不关心以什么数据标准做成 BIM 数据库，而只关心给的信息是否为能为我所用（内容与格式）。软件开发商难以完全了解项目全生命期所有各方的信息需求，因此，BIM 信息交换模型的需求来源于使用者，理论上可以认为，如果没有特定使用者参与编制的交换信息模型标准就不是有用的标准，没有按用户要求标准做成的 "BIM 软件" 也不可能完成 BIM 使命。

因此，BIM 用户必须是信息交换标准制定的参与者，是自己岗位 BIM 交换信息模型的主导者。大家都说 BIM 推广难度在于没有标准，但却都未意识到自己必须是 BIM 标准的制定者。

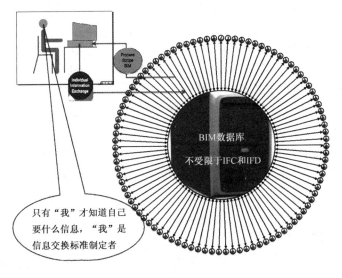

图 5-3

5. 用户是 BIM 的主人而不是仆人

在各方 "理论 BIM" 的强大攻势下，"BIM" 占据了有利地位，"BIM 建模软件" 是推广应用 "BIM" 的必需选择。在这种全世界唯一的 BIM 实施方式面前，BIM 应用技术没有创新，只有按"BIM 软件"的规定路线慢步爬行，大部分工程技术人员成为 BIM 的仆人而不是主人，中国建筑业信息化及 BIM 技术发展正面临图 5-4 的尴尬。

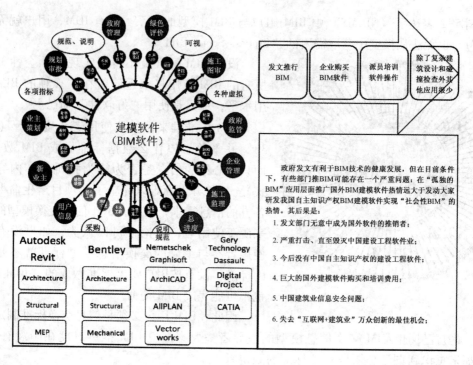

图 5-4

工程技术人员是工程建设的主导者，BIM 是信息化技术，是"聚合信息，为我所用"，工程技术和项目管理人员是 BIM 的主人。不应该是"我"去迎合 BIM 技术的唯一实施方法，而应按照"我"的要求提供多种 BIM 技术实施方法供我选择，这其中包含了一个重要概念就是 BIM 技术不应该排除"我"的喜好工具。

不要让工作适应工具。相反，要改变工具，使其适应今天人们希望的工作方式。

因此，我们要以创新精神开发适合大众需要的具有中国自主知识产权的 BIM 建模及管理软件；暂时放弃利己的商业利益真诚合作，集中有限的"孤独的 BIM"实践者力量实现"社会性 BIM"。

为什么我们现在提万众创新、大众创业呢？我们是一个缺乏创新的民族，不管是我们的学校教育还是商业模式都习惯了抄和搬。回头看看我们的教材和课本是哪一年编写的，想想我们学校的人才培养模式和选拔机制多少年了有过改动吗？再看看我们的商业模式，别的不说仅仅互联网这个创新最集中，变化最快的行业也是照搬国外，所有的中国互联网公司在国外都可以找到原型。再看看我们认为建筑业最具创新的 BIM，如同互联网一样，我们照搬国外 BIM 实施模式，该搬该抄该买该研究的我们都下功夫做了一遍又一遍，而并没有太多改变。今天我们确实是没的抄了，在中国如何实施 BIM 这个问题上确实需要我们自己想办法走出一条路了，所以我们必须自己创新、革新技术、革新商业模式、升级我们的思维模式和大脑。这首先需要 BIM 用户从认识上变 BIM 仆人为 BIM 主人。

第六章 BIM 与改变

BIM 没有改变项目参与者的基本角色和责任。建筑师继续构思伟大的建筑，各专业工程师继续分析设备系统的特点，建造师继续评估建造手段、方式和造价。BIM 的主要改变是允许项目参与者在设计、协调、制造和建造过程中，自动完成某些任务。通过 BIM，设计师可以更简单地建立某一给定设计的版本和衍生方案。建造师可以从模型中提取工程量，高效地做出项目成本预算。可以高效地分析设计变化，评估成本、可建造性、计划影响和其他变化，相比于现在项目使用的方法，这些变化和迭代分析最终可以显著提升设计的技术质量，达到更高的协调水平。

1. BIM 不可能取代 CAD

从 20 世纪 80 年代中期开始，CAD 成为计算机应用的一个重要分支，它把工程师们从烦琐的手工劳务中解脱出来。CAD 软件的普及使众多的工程师甩掉了图板，将往日的设计图纸变成了数字化数据。这种引入受到了建筑业业内人士大力欢迎，它良好地适应了建筑市场的需求，设计人员不再用手工绘图了。同时，它也解决了手工绘制和修改易出现错误的弊端。在"对图"时也不再落后地将各专业的硫酸图纸进行重叠式的对图了。这些 CAD 图形可以在各专业中进行相互的利用。给人们带来便捷的工作方式，在减轻劳动强度的同时也大大提高了工作效率。

传统上，图纸和计算机辅助设计（CAD）文件（二维 2D 文档）是主要交换媒介，用于协调项目参与者之间的信息。但在这个"传统过程中"，要先假定所有参与者都熟悉 2D 档，2D 文档的本质决定了项目的复杂细节难于充分表达。使用传统的工具和过程，特殊情况的复杂性难于充分鉴别，直到在施工作业中出现高代价的施工问题。

一个建筑信息模型是一个设施在设计、分析、建造和运维过程中的电子化表达。BIM 除了包含建筑构件的 3D 几何表达，还要加上建筑交付过程，以及设施运维过程中需要收集和传递的附加信息。在 BIM 里，几何信息可以关联不同类型的附加信息，这些几何表达可以表示建筑构件或者很抽象的几何概念，例如房间、分区和连接空间等。附加信息可以指定到几何表达上，例如，一个建筑构件比如墙，附加信息比如墙类型、粉刷颜色或耐火性可以包含或关联到墙上。附加的量化信息，如表面积、体积或长度可以包含进去或从构件估算出来。可以在几何表达上指定的附加信息是多种多样的，这显示出 BIM 应用可以有更多使用方法。在建筑构件上关联数量、质量和成本信息，使 BIM 对预算软件非常有用。在建筑构件、分区和空间上关联施工计划活动，使 BIM 对计划软件非常有用。BIM 的用法是无限的，现在仅仅是行业应用的开始，后续还会有模型存储信息更好、更多的应用，例如人群控制分析、紧急情况反应支持，以及基于模型的规范检查。

上述可见，BIM 模型是 3D 几何关联 4D、5D、XD 信息的数据库模型。

CAD 这一术语使用的频率很高但却很难给它下一个精确的定义，它可以被解释为计算机辅助设计（Computer Aided Design）或者是计算机辅助制图（Computer Aided Drafting）。现在的 CAD 实际上是计算机辅助设计及制图（Computer Aided Design and Drafting）。CAD 可以涵盖计算机工程应用中的所有方面，它可以包括图形方式和非图形方式的设计表达系统。同时 CAD 也和传统的管理信息系统以及系统级的文字处理软件、财会软件、网络软件有所区别。只有直接和工程分析、设计和制图相关联的计算机应用方法才能归类为 CAD。

BIM 是一个设施物理和功能特性的数字化表达，BIM 是一个设施有关信息的共享知识资源，从而为其全生命期的各种决策构成一个可靠的基础，这个全生命期定义为从早期的概念一直到拆除。BIM 的一个基本前提是项目全生命期内不同阶段不同利益相关方的协同，包括在 BIM 中插入、获取、更新和修改信息以支持和反映该利益相关方的职责。BIM 是基于协同性能公开标准的共享数字表达。

从以上所述 CAD 与 BIM，我们不难发现两者分别为不同的两件事情，前者是计算机应用方法，而后者是数据库，如图 4-5 所示，CAD 软件是建立 BIM 数据库重要工具之一。

尽管计算机辅助制图（Computer Aided Drafting）的 CAD 彻底抛弃了手工绘图，但并没有也不可能完全抛弃手工绘图时的计算机辅助设计计算软件；同样，当可能有一天做到用三维 CAD 替代二维 CAD（Computer Aided Drafting）表达时，照样不会也不可能完全抛弃现在所用的计算机辅助设计计算软件 CAD（Computer Aided Design）。

2. 3D 模型不会取代二维图纸

美国承包商 BIM 指南（第二版）The contractor's guide to BIM（Edition 2）关于"图纸会消失吗"中指出：在建筑业，对图纸的需求在可预见的未来将持续很长时间。直到有一天，时代改变，安装产品的数字化或全息表达能够替代当前"习惯"的二维纸面表达。图纸是当前实用的信息表达工具。建筑师为了说明细节，需要更加高效的 2D 图纸来表达，而不是 3D。例如：图 6-1 显示的是栏杆的细节，由建筑师在一张图纸中表达。在 3D BIM 里，表达通用几何更加简单，但一些在图纸里表达的细节，目前还很难在 3D 模型里通过实用的方法表达和沟通。在这种情况下，与 3D 模型相结合的详图（图 6-2）作为一个实用工具，既利用了 BIM 用于专业间的协调能力，又能表达详细信息。同样情况下，图纸还是向现场传递信息的最实用工具。随着时间推移，预计将来会有新的工具出现，例如自动化电子布置系统、施工现场移动计算机，来弥补图纸在现场的使用。但是有件事是不会变的，图纸需要与 3D 模型表达的信息相一致，或者说 3D 模型需要与图纸表达的信息相一致。

因此，图纸在很长一段时期内不会消失。

3. BIM 没有改变项目建设流程

使 BIM 成功应用于项目的最重要的一个因素是，参与者能围绕模型，具有管理 BIM、共享信息和进行协作的能力。需要指出，BIM 不应被看成是由某个独立参与者管理和使用的一个单一、孤立模型。一个项目的 BIM 应看成是联合起来的不同子模型，这些子模型有不同的名字，在项目建造的不同时间段，基于不同的目的，由不同的参与者创建，各个子模型的详细程度也不同，意图也不同。一个工程项目中，在项目众多参与者之间协调信息，是总包扮演的核心角色。因此，严格上来说，总包成为 BIM 过程中知识型的、主动型的角色，他能使项目所有参与者快捷、有效地共享、分析和操作 BIM 表达的信息。

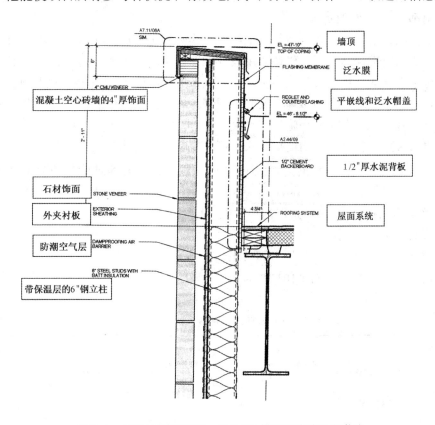

墙顶

泛水膜

平嵌线和泛水帽盖

1/2"厚水泥背板

屋面系统

混凝土空心砖墙的4"厚饰面

石材饰面

外夹衬板

防潮空气层

带保温层的6"钢立柱

图 6-1　栏杆的细节说明，包含 3D 模型没有表达的信息

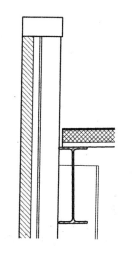

图 6-2　从 3D 模型里直接
输出的栏杆细节

一般来说，承包商可以用设计模型进行概算，并核实提取的材料工程量。要想得到更详细的提取工程量和施工计划，总包商可能需要重新建模，来特殊支持这些功能。因为，设计团队提供设计意图模型的目的是要表达设计意图，在设计模型里详细说明和表达施工过程方式和方法不是设计团队的责任。

通常，承包商的责任是选择适当的方式和方法，并在模型中表达出来。基于选择的方式和方法，需要创建工程量并选择施工过程顺序，承包商可以使用或创建一个模型来建立工程量，决定和模拟施工顺序，模拟场地后勤保障。总包商可以用一个模型或多个分开的模型完成工作。在很多情况下，总包商基于从早期设计文档提取的工程量，来创建概算。在这些情况下，设计模型对概算过程是足够的，不太需要创建施工水平细节的模型。总包商可能也考虑，如何向他们的分包商提供最有用的模型。在另外一些情况下，总包商可能发现在施工前重新对建筑建模非常有价值，这个模型反映实际的现场条件和计划的施工过程。通过这么做，他们可以将调查过的现场条件、方式和方法信息，以及其他详细信息合并起来，创建可施工的模型。在任何情况下，对于所有基于模型的活动，总包商理解模型和软件的准确性、构成和限制都是非常重要的。

在施工阶段，模型的主要目标是模拟和优化实际施工条件。在这一阶段，对于很多建筑系统，需要用非常详细的模型代替通用设计意图模型。为了实现这个目标，实际设计和实际完成这个工作的分包商或建造专业，负责提供现场施工图水平或加工图水平的模型。这些模型表达安装系统的实际布置、尺寸和类型。施工图模型里的信息是制造过程和现场布置的基础。施工图水平模型是施工中冲突检查和 3D 协调的基础。基于 BIM 的目标，总包商可能想通过建模补充遗失的信息，来尽可能完整地表达建筑。

围绕 BIM 创建，美国承包商 BIM 指南（第二版）认为有 5 种情景的分类（表 6-1），包括工作流程和可能成果。

（1）整个团队在一个协同的 BIM 环境中工作；

（2）设计团队和总包商协同工作；

（3）总包商在单独环境里使用 BIM 工作；

（4）总包商和分包商协同工作；

（5）分包商协同工作。

BIM 创建的 5 种情景的分类   表 6-1

情景 角色	（1） 完全协同 BIM	（2） 建筑师/总包， 分包不参与	（3） 总包和分包， 设计不参与	（4） 只有总包	（5） 只有分包
业主	鼓励协同和沟通。积极参与设计决策。在反馈阶段，通常需要快速决策。				
建筑师/设计师	基于协商的细节级别，提供设计意图模型	基于协商的细节级别，提供设计意图模型			
总包/施工经理	利用设计模型提取工程量、制定计划和/或协调；当需要时创建施工模型	利用设计模型提取工程量、制定计划和/或协调；当需要时创建施工模型	设计图纸（不管哪个阶段的）从 2D 转为 3D（室内或室外）	设计图纸（不管哪个阶段的）从 2D 转为 3D（室内或室外）。为了特定协调目的，开发分包模型	
分包	施工图水平的模型；参与协调		施工图水平的模型；参与协调		创建施工图模型，并且在分包中协调

由上述可见，BIM 没有改变项目建设工程流程。

4. BIM 改变了传统建筑信息传递方式

造房子是一个集体运动，每个参与者的行事规则可以简化为典型的 IPO（Input – Process – Output）三部曲（图6-3）：

Input 输入：理解项目本身以及其他参与者做的工作；

Process 处理：根据自己的专业知识和职责进行分析研究并决策；

Output 输出：给出自己或他人应该干什么和怎么干的指令。

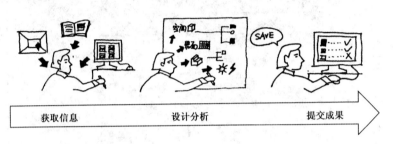

图 6-3

BIM 改变传统"获取信息"方式为 BIM 信息传递方式，图6-4左边的网状图表现的是目前国内建筑业的工作方式：这种传统的工作方式有两个特点：一是人员关系复杂且效率低；二是没有统一的数据模型，大家各自建立一套数据，这就很容易导致设计出错，数据冗余，而且人员间难以协作。图6-4右边的图则是一个理想的 BIM 工作方式：一是统一的建筑模型，二是所有的相关人员在一个定义好的规则下与该建筑模型打交道。

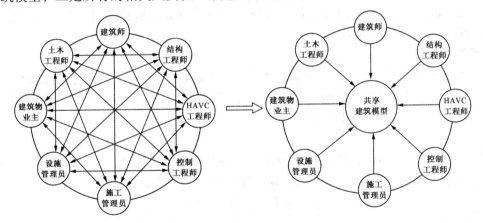

图 6-4　BIM 信息传递方式

BIM 信息传递方式旨在使信息在建筑全生命期内无损传递（图6-5）。

实现图6-5信息无损传递使 BIM 价值的最大化实现需要依赖于不同项目成员和应用软件之间的信息自由流动，从而使每一位项目成员在他的专业（任务）工作需要的时候都能够从上游成员已经收集的信息中及时得到他需要的具有质量保证的信息，同时该项目成员收集或更新的信息也遵守所有上游成员同样的信息管理和共享规则，使其后的下游成员仍然能够在适当的时候得到适当的信息。今天建设工程的关键的问题是要提高建设过程的效率，低效率主要源自非增值工作，如在设施全生命期中的各个阶段参与各方的重复输入信息（往往每次输入都会产生新的错误），或设计方未能给施工方提供完整准确的信息。

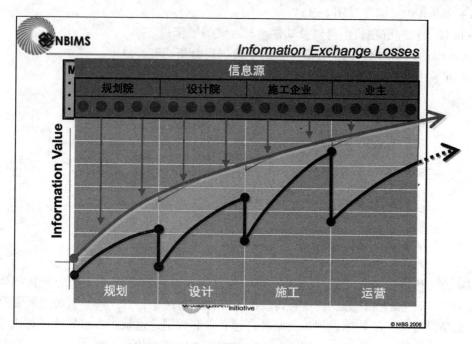

图 6-5　信息无损传递

从以上分析可知，BIM 改变了传统建筑信息传递方式，但我们又时常听说"真正的 BIM 应该符合以下五个特点"：

(1) 可视化

在 BIM 建筑信息模型中，由于整个过程都是可视化的，所以，可视化的效果不仅可以用作效果图的展示及报表的生成，更重要的是项目设计、建造、运营过程中的沟通、讨论、决策都在可视化的状态下进行。

(2) 协调性

BIM 建筑信息模型可在建筑物建造前期对各专业的碰撞问题进行协调，生成协调数据，提供出来。还可以解决例如：电梯井布置与其他设计布置及净空要求之协调，防火分区与其他设计布置之协调，地下排水布置与其他设计布置之协调等。

(3) 模拟性

可以模拟不能够在真实世界中进行操作的事物。在设计阶段，BIM 可以对设计上需要进行模拟的一些东西进行模拟实验，在招投标和施工阶段可以进行 4D 模拟从而来确定合理的施工方案来指导施工。同时还可以进行 5D 模拟，从而来实现成本控制；后期运营阶段可以模拟日常紧急情况的处理方式的模拟，例如地震人员逃生模拟及消防人员疏散模拟等。

（4）优化性

现代建筑物的复杂程度大多超过参与人员本身的能力极限，BIM 模型提供了建筑物实际存在的信息，包括几何信息、物理信息、规则信息，还提供了建筑物变化以后的实际存在。与其配套的各种优化工具提供了对复杂项目进行优化的可能。

（5）可出图性

BIM 通过对建筑物进行了可视化展示、协调、模拟、优化以后，可以帮助业主出综合管线图（经过碰撞检查和设计修改，消除了相应错误以后）、综合结构留洞图（预埋套管图）、碰撞检查侦错报告和建议改进等方案。

上述可视化、模拟性、优化性、可出图性在 BIM 之前也都有了，只不过是应用上述软件时收集的信息（输入）与方法不同而已，可视化、模拟、优化、出图有专门软件，这些不是 BIM 的事，但在 BIM 模型中可以提供给可视化、模拟、优化、出图软件需要的"Process Scope BIM"，协调性则是 3D 建模的特点，它也需要聚合所有专业几何相关信息进行分析，上述五大方面与 BIM 的关系表达如图 6-6 所示。将图 6-6 与图 4-5 比较可见，图 4-5 包含了图 6-6 的所有内容，因此，与其说可视化、模拟性、优化性、可出图性及协调性是 BIM 的五大特征倒不如说是 BIM 的五大应用。

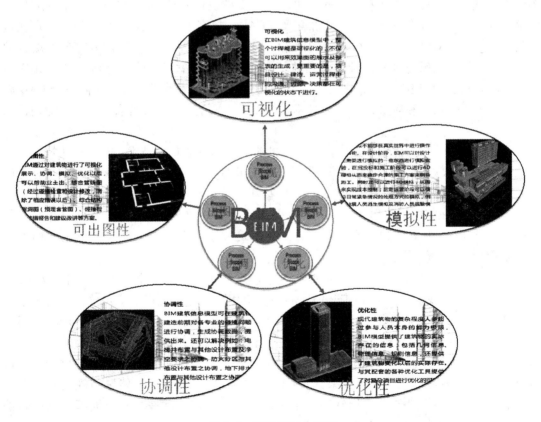

图 6-6　BIM 的五大应用

在 Building SMART International 对于 BIM 定义的 Building Management 中指出：建筑信息管理是指利用数字原型信息支持项目全寿命期信息共享的业务流程组织和控制过程。建筑信息管理的效益包括集中和可视化沟通、更早进行多方案比较、可持续分析、高效设计、多专业集成、施工现场控制、竣工资料记录等。强调"BIM 五大特征"可能导致忽略 BIM 的本质，造成 BIM 可能改变一切的错误认识，高估 BIM 的作用。

BIM 没有改变项目参与者的基本角色和责任。这让我回想起20世纪90年代中期，我承担国家行业标准《建筑基坑支护技术规程》主编工作，那时基坑工程设计施工技术正处于初级阶段，土体作用荷载确定方法、支护结构内力计算方法及基坑稳定性（支护结构嵌固深度）分析方法等五花八门，需要对各种理论、计算公式、计算假定结合工程项目实际进行分析计算，找出合理的分析方法与计算公式便于设计人员应用。当时没有基坑支护 CAD 软件，我只能自己将各种计算方法和公式编写成软件，输入不同数据进行计算，并将各种不同计算结果画在坐标纸上进行分析，其效率低下可想而知。那时基坑支护还属于施工单位的临时措施，软件公司看不到基坑支护设计 CAD 软件的市场前景，没有公司愿意开发基坑支护 CAD 软件，我们编标准的经费根本就不可能去委托开发。后来理正软件公司勉强愿意无偿帮编制组编制基坑支护设计分析软件并以此为基础编制基坑支护设计 CAD 软件，这个软件可以假设各种情况进行模拟分析，输入一组不同数据就可以自动生成图形（代替坐标纸）分析不同变化规律，使我大大提高了工作效率和质量。但这个"革命性"的变化也仅仅是软件编程技术水平的变化，基坑支护设计 CAD 软件和我自己编的分析软件都是基于基坑工程专业技术，是软件升级（CAD）提高了我的工作效率和质量。现在这个基坑支护设计 CAD 软件通过改造又升级为 P-BIM 软件，它可以自动读入需要的勘察数据、可以将设计结果与桩基及其他处理地基、地下室、地下室外管线进行自动"碰撞检查"、还可以自动传递给施工深化设计需要的数据。BIM 技术使设计者应用同一个 CAD 软件时提高了工作效率和质量，但 BIM 技术始终没有改变基坑支护设计者的基本专业角色和责任。

可视化、模拟性、优化性、协调性、可出图性也都不是 BIM 技术特有，BIM 技术只不过是使这些应用软件提高了工作效率和质量。在 BIM 大潮中有人总喜欢说的一句时髦语是："基于 BIM 的……应用"，说者无心，但听众千万不要理解为："基于 BIM 软件的……应用"。因为现在的所谓"BIM 软件"最需要的就是 BIM 技术为它（BIM 软件）提高工作效率、质量和提升应用价值。现在大部分工程都是"基于 BIM 软件的……应用"而不是"基于 BIM 的……应用"。

美国宾夕法尼亚州立大学《BIM 实施计划指南》中总结的25个应用点如图6-7所示，这25个应用点及我们所说的"基于 BIM 的……应用"都需要相应的应用软件，其中很多需要符合各国国情（尤其在中国需要符合中国建设项目管理流程和技术标准）的应用软件。"基于 BIM 的……应用"是指使用这些应用软件时，BIM 能为其提供需要的数据，当这些应用软件不能按照 BIM 标准从"BIM 软件"数据库中获取所需数据实现直接共享时，"BIM 软件"与这项应用则毫无关系，而对于一些非"BIM 软件"，能按照规定的数据交换标准"聚合信息"为这些应用软件所用时，这些非"BIM 软件"的数据库与应用软件的结合就是"基于 BIM 的……应用"。

目前所有的"BIM 软件"及非"BIM 软件"数据库提供"基于 BIM 的……应用"还有很长一段路要走，这不是依靠我们召集一些顶级专家短期内编出"BIM 标准"或"BIM 指南"就可以解决的。

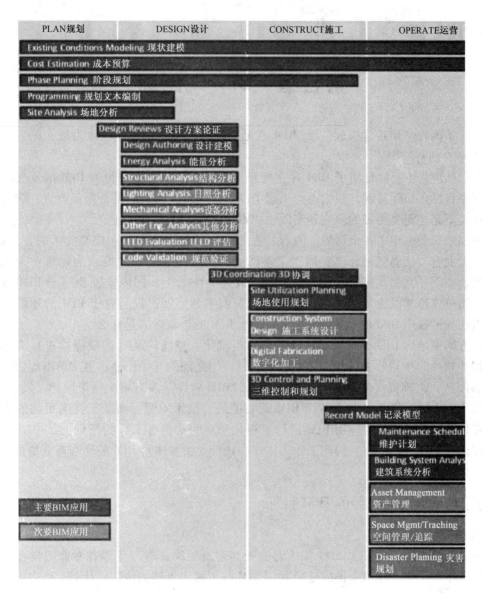

图 6-7

73

第七章 BIM 与创新

离开了国外"BIM 建模软件",BIM 就无从谈起。我们的 BIM 技术发展正陷入这个没有创新的"创新"泥潭。

我们从理论上已经证明了 BIM 存在理想潜力,但十年的实践说明 BIM 的发展状态离这个理想目标还相距甚远,我们不得不思考以前达到目标的做法是否需要改进?为实现这个目标是不是还需要更多的研究和实践去探索和证明。

中国建筑业多年来在全世界一直保持总量第一的发展水平。在建筑技术的方方面面,我们从无到有、从弱到强,已经取得了不俗成绩。但在都说 BIM 要成为建筑业宠儿的今天,我们似乎一直都在爬行;国外"BIM"软件一统天下,国内软件业对于 BIM 难以发声,使用单位连学以致用似乎都深感吃力。我们不禁要问:我们对于 BIM 的理解是否完整?以往我们推广 BIM 的做法是否存在问题?BIM 的创新发展是什么?

西方国家推广 BIM 的现实是以建筑设计可视化、空间协调(即碰撞检查)为起点体现"BIM 软件"项目收益价值,之后改进软件应用之间的互操作性、更加清晰地定义各工种(各团队)之间提交的 BIM 数据,多年来"BIM 软件"没有解决这个问题。发展至今,信息共享、协同工作已经成为各国 BIM 面临的最大技术难题。而基于我国目前的实际情况,在借鉴其他国家经验应用 BIM 进行可视化和空间协调等工作的基础上,中国 BIM 可能更应该以实现信息共享、协同工作为主线,让行业切实体验 BIM 的综合商业价值。

1. 各国与地区政府曾经的 BIM 目标

(1) 英国 BIM

英国政府内阁办公室在 2011 年 5 月公布的建筑策略,将与业界各专业团体合作去订立标准,用以让整个建筑业供应链能利用 BIM 技术做出更佳的协作,计划主要内容:

1)为建筑业准备 BIM 标准和规范 BIM 培训发展。

2)致力完成运用 BIM 的试点项目。

3)由 2012 年 3 月起,将把 BIM 连接到物业营运阶段,如协助资产管理。

4)由 2012 年 4 月起,会为政府项目设计一套强制性的 BIM 标准。

5)由 2012 年暑假起,会分阶段为政府所有项目推行 BIM 计划。

6)以 2012 年七月为目标,在多个部门订立试点项目,希望各部门能运用 3D 科技来协作交付项目。

7)希望到 2016 年能有一个能多方面充分协作的 3D BIM,并将全部的文件以信息化管理。具体计划的内容会分阶段在每年年底发布。

8)运用 BIM 技术把项目的设计、施工和营运融合在一起,以达更佳的资产性能表现。

英国建筑商联合会(NFB)就英国承包商如何应对 BIM 在技术和组织方面的挑战进行

了调查，调查结果显示，大多数英国承包商认识到了 BIM 的潜在好处，却都难以采用。大家对通过创新使工作更有效率的愿望是显而易见的，但调查也清楚地告诉我们，需要在希望改变的愿望与提供实现改变的专有技术之间搭建桥梁。NFB 与英国建筑业技能和培训理事会将与业内同仁合作，分享 BIM 知识，开发信息系统，为整个建筑业提供适当的指导和支持。

（2）澳大利亚 BIM

2012 年 6 月 6 日澳大利亚 buildingSMART 组织受澳大利亚工业、创新、科学、研究和高等教育部（DIISRTE-Department of Industry，Innovation，Science，Research and Tertiary Education，官方网站：www. innovation. gov. au）委托发布了一份《国家 BIM 行动方案》（NATIONAL BUILDING INFORMATION MODELLING INITIATIVE）。该行动方案提出四项建议：

1）2016 年 7 月 1 日起所有澳大利亚政府的建筑采购要求使用基于开放标准的全三维协同 BIM 进行信息交换；

2）通过澳大利亚国务院鼓励州和地区政府在 2016 年 7 月 1 日起其建筑采购同样要求使用基于开放标准的全三维协同 BIM 进行信息交换；

3）实施澳大利亚全国 BIM 推动落实计划；

4）设立一个有关键利益相关者代表组成的工作组，管理计划的实施。

《国家 BIM 行动方案》要求执行下面几个方面的工作，并制订了详细的按优先级排序的"国家 BIM 蓝图"（National BIM Blueprint）：

采购：通过支持协同、基于模型采购的新采购合同形式帮助客户、咨询顾问、承建商管理风险、知识产权、保险和质量保证。

BIM 指南：为行业和政府客户、咨询顾问和承建商提供一套基于协同工作、开放标准和与全球最佳实践一致的澳大利亚 BIM 指南。

教育：基于多专业 BIM 教材、在职培训和职业发展通过一个全国性的 BIM 教育特别工作组提供广泛的行业认知和再教育。

产品数据和 BIM 库：通过一个在线澳大利亚 BIM 产品库使建筑产品制造商认证的信息可以在所有基于模型的应用软件中容易获取。

流程和数据交换：建立公开标准数据交换协议支持协同工作和工程项目生命周期内任务说明、设计、施工、制造和维护全供应链集成。

规则框架：为规划师、地方政府和政府主管部门建立一套具有建筑构配件、用地、地理空间和人类行为定义集成数据的机制来衡量和分析建筑形式性能。

示范工程：鼓励示范工程用于论证和检验上述六项计划的成果用于全行业推广普及的准备就绪程度。

建立由主要利益相关方代表组成的特别工作组来管理一个 5 年计划保证《国家 BIM 行动方案实施计划》的实现。

计算机软件开发商是 BIM 环境的重要成员，设计公司使用一系列来自不同厂商的硬件和软件，例如 Autodesk/Grapfisoft/Bentley/Tekla，这些 BIM 工具辅以其他专业设计软件满足企业、设计专业和项目的需要。这些现有 BIM 软件产品面临很多挑战：

项目过程的每个阶段都需要比原来更多的工具，有些工具价格很高，给企业带来了更大的财务负担。

BIM 工具的专用性（开放性和标准化的反义词）导致建筑业企业感觉自己像是在"押宝"，因为越来越多地和一家特定的软件厂商以及该厂商的成和败连在了一起。

澳大利亚在 2010 年 12 月 "BIM in Australia" 报告中已经认识到 "BIM 软件能力不足是主要问题"，强调发挥行业力量要求行业协会和软件厂商 "做出一套互相协调的行业解决方案" 的要求，历时一年半后的 2012 年 6 月提出的《国家 BIM 行动方案》，其中 BIM 理想多于实质："建立公开标准数据交换协议支持协同工作和工程项目生命周期内任务说明、设计、施工、制造和维护全供应链集成" 仍是《国家 BIM 行动方案实施计划》要求执行的主要内容，澳大利亚联邦政府与澳大利亚 BuildingSmart 机构共同成立了建筑环境产业创新委员会（BEIIC，顾问咨询机构）建议：设立一个有关键利益相关者代表组成的工作组，管理计划的实施。在未来的十年，将有更大的动力促使业主成立协作团队采用 BIM 和其他虚拟并开放源码的设计工具，以及支持设计、建造、运行、甚至拆除阶段的工具，即 "从出生到死亡" 的整个生命周期的工具。

这个情况会导致企业由于采用不同 BIM 而得到不同业务结果，因为从长远来看，随着技术的不断变化，他们可能没有选择正确的 BIM 厂商。

IPD（Integrated Project Delivery 集成项目交付）的主要障碍之一是不同 BIM 平台从其他平台获取数据和支持供应链工作流程的能力局限，API（Application Protocol Interface 应用协议界面）要求对数据结构、程序和协议只有极少的规格明细且没有标准。

一个可能的解决方案是开发基于诸如 IFC 的开源软件，但被认为仍有商业和实用上的限制，因为 IFC 标准发展缓慢。

虽然目前不是所有企业和客户都要求基于 BIM 模型的资产或设施管理功能，但是随着客户全面认识到这样做的效益以后，预计在这方面会有相当大的需求。现阶段开发这类功能的困难之一是每个建筑物业主和每个单个建筑物对此类需求的高度不一致。

澳大利亚建筑师学会（Australian Institute of Architects）、澳大利亚咨询协会（Consult Australia）和 Autodesk 公司于 2010 年 12 月联合发布了一份名为 "BIM in Australia" 的报告，报告在 "软件" 这一部分里面提了两个非常明确的针对 BIM 软件的要求：

与会者要求行业协会和软件厂商共同努力，探讨沟通、全力合作，做出一套互相协调的行业解决方案。

与会者要求软件厂商研发设施管理（FM）解决方案。

(3) 韩国

多个政府部门都致力制定 BIM 的标准，如韩国政府供应局和韩国国土海洋部。韩国国土海洋部在 2010 年 1 月分别在建筑和土木两个领域上制订了 BIM 应用指南。该指南为开发商、建筑师和工程师采用 BIM 技术时必须注意的方法及要素做了详细的说明。其 BIM 实施和具体路线图的内容包括：

1）在 2010 年为 1~2 个大型工程项目应用 BIM。

2）在 2011 年为 3~4 个大型工程项目应用 BIM。

3）由 2012 至 2015 年，全部大型工程项目都采用 BIM 4D 技术（3D + 成本管理）。

4）于 2016 年前实现全部公共工程应用 BIM 技术。

（4）芬兰

参议院地产的 BIM 要求：

1）自 2007 年 10 月起在建筑设计方面实施强制性 BIM 要求，而独立的项目可以自行决定运用 BIM 科技与否。

2）建议在项目广泛运用模型协助。

3）在一些设计投标项目中会引进使用 BIM 的要求，并成为该项目协议的一部分，故具有法律约束力。

4）提出在建筑业运用 BIM 的大方向。

5）建筑模型应根据 BIM 的要求递交。

6）建筑结构和模型内的监测过程应根据 BIM 的要求存档。

Senate 地产（the Senate Properties）是芬兰最大的政府下属机构，负责管理和出让芬兰的物业，在 2007 年发布了建筑设计的一套 BIM 要求，内容包含了对所有项目参与者全面化的要求，如素质认可、建筑设计、机电设计和结构设计。

（5）挪威

公共建筑机构（Statsbygg）是一所为挪威政府提供施工和物业管理顾问服务的机构，在 2011 年发布了一本 BIM 手册版本 1.2，提供了有关 BIM 要求和 BIM 在各个建筑阶段的参考用途的信息。内容包括了一些有关怎么建立一个项目 BIM 模型的指引。内容概括如下：

1）提供了 BIM 要求、用语、定义的一些规范。

2）发布了 BIM 在建筑业的不同用途，如设计、施工和设施管理。

3）提供了不同范畴的 BIM 模型标准。

（6）新加坡

建筑与工程局（BCA）准备于 2015 年前，强制性执行电子化网上递交建筑、结构、电机的审批图作。该强制性电子化网上递交审批图作的目标是提高效率，减低设施图则的时间和资源。该局确定目标于 2015 年前，超过八成的建筑业企业能广泛地应用 BIM。政府的公共部门也会为运用 BIM 技术起带头作用，计划于 2012 年起，所有的新建筑项目必须应用 BIM 技术。除此以外，新加坡建筑与工程局成立了 BIM 基金，希望鼓励企业在建筑项目上把 BIM 技术纳入其工作流程，把 BIM 技术运用在实际的项目当中。

（7）中国香港地区

房屋委员会（HA）是在香港负责发展和推行公共房屋计划的政府机关。他们希望能够借着 BIM 来优化设计。改善协调效率和减少建筑浪费，从而提升建筑质量。香港房屋委员会利用 BIM 令设计可视化，并逐步推展 BIM 至各个阶段，使整个建筑业生命周期，由设计到施工以至设施管理等一连串业务相关者相继受惠。香港房屋委员会计划：

1）在 2014 年至 2015 年，将 BIM 应用作为所有房屋项目的设计标准。

2）为了成功地推行 BIM，自行订立 BIM 标准、用户指南、组建资料库等设计指引和参考。这些资料有效地为模型建立、管理档案以及用户之间的沟通创造良好的环境。

从 2007 年或更早提出了"团队各方使用的软件数据互用"是影响 BIM 价值的主要因素，至少在过去的几年时间里，美国及其他应用"BIM"较为先进的国家在软件互操作性方面并无太大进展。从目前情况来看，英国、澳大利亚、韩国、芬兰、挪威、新加坡、中国香港地区所订 2015 年或 2016 年计划基本难以完成。从这些国家和地区的 BIM 发展经验来看，世界 BIM 今天面临着同一亟须解决的首要问题是软件数据互用及开发项目全生命期所需的技术与管理软件。我国工程建设与国外有许多不同之处，国外 BIM 发展经验及我国国情都要求我们在 BIM 发展过程中既要学习国外成功经验，又要结合我国工程实践的创新。没有创新，我们将会付出巨大的代价而难以达到目标。

2. 中国 BIM 发展战略

国外"BIM 建模软件"技术近期难以追赶，我们痛苦地等待着国外"BIM"软件在中国本地化，尽管企业在为"BIM"软件无偿补"族"，但中国 BIM 还是步履蹒跚。

中国多年"BIM"技术应用过程证明，缺乏正确的 BIM 发展指导方针（战略）和可行的技术路线（策略），不在中国本土已有技术成果基础上研究实现 BIM 的方法，不仅中国本土软件开发商无法随中国 BIM 发展而壮大，而且也必定阻碍引进国外先进数字三维软件技术在中国的应用与发展。

当年国家计委设计局领导对 CAD 在我国工程建设行业普及应用提出了十六字指导方针："以我为主，博采众长，融合提炼，自成一家"。用在今天的 BIM 研究和实践上，中国 BIM 的发展战略也可以总结为十六字（图 7-1）。

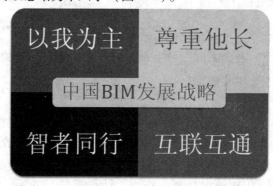

图 7-1　中国 BIM 发展战略

中国 BIM 以实现 BIM 技术的核心，实现信息共享、协同工作。目前"BIM"软件与 CAD 软件取长补短、共生存同发展是我国目前工程界计算机应用技术的客观事实。

（1）以我为主

目前国内建筑工程设计主要软件工具如下。

以设计阶段为例，被众多设计院广为使用的工程设计软件有：

建筑设计软件——天正建筑、斯维尔、理正建筑等，基于 AutoCAD 平台，完全遵循中国标准规范和设计师习惯，几乎成为施工图设计的标准，同时具备三维自定义实体功能，也可应用在比较规则建筑的三维建模方面；

给排水设计软件——理正给排水、天正给排水、浩辰给排水等，基于 AutoCAD 平台，完全遵循中国标准规范和设计师习惯，集施工图设计和自动生成计算书为一体；

国内建筑暖通设计软件——鸿业暖通、天正给暖通、浩辰暖通等，基于 AutoCAD 平台，完全遵循中国标准规范和设计师习惯，集施工图设计和自动生成计算书为一体；

建筑电气设计软件——博超电气、天正电气、浩辰电气等，基于 AutoCAD 平台，遵循中国标准规范和设计师习惯，集施工图设计和自动生成计算书为一体；

岩土工程设计软件——理正工程地质勘察软件、理正深基坑支护结构设计软件、理正岩土地基处理设计软件等；

建筑结构设计软件——PKPM 结构、广厦结构（AutoCAD 平台）以及探索者结构（AutoCAD 平台，用于结构分析的后处理，出结构施工图），遵循中国标准规范和设计师习惯；

建筑节能设计软件——PKPM 节能、斯维尔节能、天正节能等，均按照各地气象数据和标准规范分别验证，可直接生成符合审查要求的分析报告书及审查表，属规范验算类软件；

建筑日照设计软件——天正日照、众智日照、斯维尔日照等，均按照各地气象数据和标准规范分别验证，可直接生成符合审查要求的分析报告书及供审图，属规范验算类软件；

结构分析与设计软件——SAP2000 和 ETABS，集成建筑结构分析与设计，SAP 适合多模型计算，拓展性和开放性更强，设置更灵活，趋向于"通用"的有限元分析，但需要熟悉规范，且均没有后处理功能；

环境能源整合分析软件——IES &lt；VirtualEnvironment&gt，用于对建筑中的热环境、光环境、设备、日照、流体、造价以人员疏散等方面的因素进行模拟和分析；

国内施工造价软件，主要分造价和算量——广联达（自主平台）、鲁班（AutoCAD 平台）、斯维尔（AutoCAD 平台）、神机妙算（自主平台）、品茗等，遵循各地的定额规范。

这些成果过去是、现在及可见的将来仍然是我国工程建设计算机应用的重要工程软件，用 BIM 技术改造这些软件并开发更多的施工和管理软件、提升这些软件间的数据互用和协同工作能力，实现 BIM 技术，这对于提升我国建筑业具有重大意义，这也是我国 BIM 技术创新发展的重点。

基于国内 20 多年自主软件产业的发展成果，在中国 BIM 发展的道路上，我们完全有理由也有能力做到"以我为主"。

(2) 尊重他长

以我为主是以我为主导并非闭关自守，我们深知我国 BIM 技术的发展目前相对落后，尤其在数字三维软件技术方面我们亟须国外的先进技术与思想，仅以建筑设计软件为例，国外建筑设计软件有：

达索 Dassault 的 Caitia：起源于飞机设计，三维 CAD 软件，曲面建模能力强，应用于复杂、异型的三维建筑设计；

Google 的草图大师 Sketchup：简单易用，建模极快，适合前期的建筑方案推敲，因为建立的为形体模型，难以用于后期的设计和施工图；

美国 Robert McNeel 的犀牛 Rhino：广泛应用于工业造型设计，简单快速，不受约束的自由造型 3D 和高阶曲面建模工具，在建筑曲面建模方面可大展身手；

匈牙利 Graphisoft 公司的 ArchiCAD：欧洲应用较广的三维建筑设计软件，集 3D 建模展示、方案和施工图于一体，但由于对中国标准规范的支持问题，结构、专业计算和施工图方面还难以应用起来；

美国 Autodesk 公司的 Revit：三维建筑设计软件，集 3D 建模展示、方案和施工图于一体，使用简单，但复杂建模能力有限，且由于对中国标准规范的支持问题，结构、专业计算和施工图方面还难以深入应用起来；

美国 Bentley 公司的 Architecture：系列三维建筑设计软件，集 3D 建模展示、方案和施工图于一体，使用较复杂，由于对中国标准规范的支持问题，结构、专业计算和施工图方面还难以深入应用起来；应用于全球众多的大型复杂的建筑项目和基础、工业项目；

美国 Autodeskt 公司的 3DMax：效果图和动画软件，功能强大，集 3D 建模、效果图和动画展示于一体，但非真正的设计软件，只用于方案展示，几乎所有的效果图都离不开该软件。

这些软件技术是我国短期内难以超越的，我们应该尊重、博采他长，并将其与我国现有各种应用软件数据互用、协同工作，以完善"以我为主"的中国 BIM 软件体系。

（3）智者同行

目前国内外厂商的软件无论是质量还是数量离实现中国 BIM 目标的系列软件数量要求还有很大差距。中国 BIM 具有足够大的潜在软件市场，存在巨大商机，软件厂商既可平行也可交叉工作，相互合作、借鉴，共同开拓中国 BIM 系列软件市场。中国 BIM 发展需要全体建筑业从业者及国内外软件开发商的共同努力。

（4）互联互通

中国 BIM 亟待从一个美丽概念尽快转化为实实在在的生产力，实现全生命周期 BIM 必须具有完成全生命周期所有任务的工具——中国 BIM 系列软件。我们将在"互联网＋"平台上，借助《XX P－BIM 软件功能及信息交换标准》实现所有工程技术、管理软件的数据互通。

3. 中国 BIM 发展策略

中国 BIM 有其特殊性，在技术发展策略上也与国外有所不同，针对中国特点制定中国 BIM 技术发展策略（图 7-2）。

（1）化整为零、专业传递

BIM 虽然是个庞大信息库，但信息交换具有内在规律，存在的信息必为下一阶段特定专业或管理软件所需，因此，应将 BIM 数据库中信息化整为零，按专业直接交付给下一阶段软件所用。由于项目全生命周期涉及模型数据种类繁多，每种模型数据各有特点，既要根据需要分别对待，又要统一标准才能使整个系统软件应用 BIM 数据达到简单高效。

图 7-2　中国 BIM 技术发展策略

（2）化繁为简、平台协调

将建立庞大（但难以实现）单一 BIM 模型应用，改变为根据项目各方的各个专业及管理人员根据需要自行建立专业模型并通过平台协调软件协同改造，满足 BIM 数据一致性的要求。

（3）尊重传统、创新提升

中国历年来的大量建设，诸多项目参与方已经形成了自己的技术与管理规律，既成传统难以一时改变。BIM 应该着重于在传统专业技术与管理基础上创新、提升并逐步发展。有智慧的软件开发商可以按照 BIM 标准要求开发软件使普通专业或管理工作者在传统管理模式下不知不觉中"被 BIM"。

中国 BIM 必须有自己的建模软件，没有自主知识产权的 BIM 创新软件，中国 BIM 无望落地。

4. 软件开发商的 BIM

美国欧特克公司是典型的软件开发商 BIM 代表。

Autodesk Revit 最早是一家名为 Revit Technology 公司于 1997 年开发的三维参数化建筑设计软件。Revit 的原意为：Revise immediately，意为"所见即所得"。2002 年，Autodesk 公司以 2 亿美元收购了 Revit Technology，从此 Revit 正式成为 Autodesk 三维解决方案产品线中的一部分。经过数年的开发和发展，已经成为全球知名的三维参数化 BIM 设计平台。继 2002 年 2 月收购 Revit 技术公司之后，欧特克提出了 Building Information Modeling 或者 Building Information Model（建筑信息模型）这一术语，旨在让客户及合作伙伴积极参与交流对话，以探讨如何利用技术来支持乃至加速建筑行业采取更具效率和效能的流程，将信息模型的价值拓展到设计阶段以外的广泛应用领域，并以这些信息为基础，使建筑物生命周期的施工和建筑运营阶段能够采取有效的新型协作方式并提高工作效率，以实现全方位一建筑工程生命周期管理。

欧特克提出 BIM 这一术语，旨在区别 Revit 模型和较为传统的 3D 几何图形。

欧特克的 BIM 理念是试图将建筑项目的所有信息纳入到一个三维的数字化模型中。这个模型不是静态的，而是随着建筑生命周期的不断发展而逐步演进，从前期方案到详细设计、施工图设计、建造和运营维护等各个阶段的信息都可以不断集成到模型中，因此可以说 BIM 模型就是真实建筑物在电脑中的数字化记录。当设计、施工、运营等各方人员需要获取建筑信息时，例如需要图纸、材料统计、施工进度等，都可以从该模型中快速提取出来。BIM 是由三维 CAD 技术发展而来，但它的目标比 CAD 更为高远。BIM 是以三维数字技术为基础，集成了建筑工程项目各种相关信息的工程数据模型，可以为设计和施工提供相协调的、内部保持一致的并可进行运算的信息。也就是，BIM 是通过计算机建立三维模型，并在模型中存储了设计师所需要表达的所有信息，同时这些信息全部根据模型自动生成，并与模型实时关联。

面向建筑全生命期的欧特克 BIM 解决方案是以 Autodesk Revit 软件产品创建的智能模型为基础。

在 Autodesk 收购 Revit 之初以及发布 Autodesk Revit 前几年的时间里，Revit 基本上都是以 Revit Architecture 这个建筑模块单打独斗，缺乏结构和 MEP 部分。随着 Autodesk 的投入和进一步发展，Revit 终于按照建筑行业用户的专业发展为三个独立的产品：Revit Architecture（Revit 建筑版）、Revit Structure（Revit 结构版）和 Revit MEP（Revit 设备版——设备、电气、给排水）。这三款产品属于同一个内核，概念和基本操作完全一样，但软件功能侧重点不同，从而适用于不同的专业。但随着 BIM 在行业推广的深入和 Revit 的普及，基于 Revit 的专业协同和数据共享的需求越来越旺盛，Revit 三款产品在三个专业的独立应用对此造成了一些影响，因此在 2012 年 Autodesk 又将这三款独立的产品整合为一个产品，名为 Autodesk Revit 2013，实际上包含建筑、结构和 MEP 三个专业模块，用户在使用 Revit 的时候可以自由安装、切换和使用不同的模块，从而减少对设计协同、数据交换的影响，帮助用户获得更广泛的工具集，并在 Revit 平台内简化工作流并与其他建筑设计规程展开更有效的协作。

Autodesk 在 2011 年底正式推出云服务。截至目前，Autodesk 提供的云产品和服务已经超过 25 种。其中，欧特克的云应用可以分为两类，第一类云应用是桌面的延伸。欧特克把 Web 服务和桌面应用整合在一起。在桌面上进行的设计完成之后，用户可以从云端获得基于云计算的分析和渲染等服务，整个计算过程不在本地完成，而是完全送到云端进行处理，并把计算的结果返回给用户。第二类云应用是单独应用。例如美家达人、Sketchbook，用户可以通过桌面电脑或者移动设备进行操作。Revit 与云计算的集成属于第一类云应用，比如 Revit 与结构分析计算 Structural Analysis 模块的集成、与云渲染的集成等，同时与 Autodesk Revit 具备相同的的 BIM 引擎的 Autodesk Vasari 可以理解为一种简化版的 Revit，是一款简单易用的、专注于概念设计的应用程序，也集成了更多的基于云计算的分析工具，包括对碳和能源的综合分析、日照分析、模拟太阳辐射、轨迹、风力风向等分析。

为推广软件开发商 BIM，欧特克公司投入大量人力、物力，以 Autodesk Revit 为代表的"BIM 建模软件"得到包括中国在内的世界各国的认同（图 7-3），基本形成了项目全生命 BIM 实施由"BIM 建模软件"建立建筑信息模型为始的共识（图 4-8）。

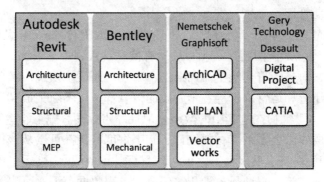

图 7-3　BIM 建模软件

日本政府推进 BIM 的办法是，政府发布一部应用指导标准，然后各个软件生产商发布对应的执行层面的应用标准。

日本政府的指导标准：

http：//www. mlit. go. jp/report/press/eizen06_ hh_ 000019. html

Autodesk Revit 发布的对应的应用执行标准：

http：//bim-design. com/special/guideline/guideline_ 1. html

Allplan 发布的对应的应用执行标准：

http：//www. forum8. co. jp/product/shokai/BIMguidline. htm

ArchiCAD 发布的对应的应用执行标准：

http：//www.graphisoft.co.jp/download/BIMguideline/

类似日本，英国出版了 Revit 和 Bentley 软件开发商专门 BIM 标准（图 7-4）。

图 7-4　Revit、Bentley 英国 BIM 标准

全世界以"BIM 建模软件"开发商各自为政的 BIM 实施方法格局基本形成（图 7-5）。

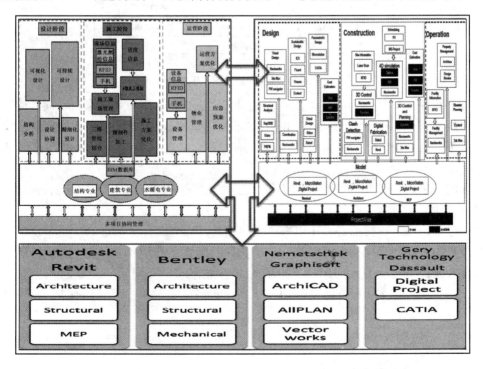

图 7-5　软件开发商的 BIM 实施方式

其他应用软件如图 7-6 所示，基本上都有国外软件配套。

产品名称	厂 商	BIM用途
QTO	Autodesk	工程量
DProfiler	Beck Technology	概念预算
Visual Applications	Innovaya	预算
Vico Takeoff Manager	Vico Software	工程量
Navisworks Simulate	Autodesk	计划
ProojectWise Navigator	Bentley	计划
Visual Simulation	Innovaya	计划
Sunchro Professional	Tekla	计划
Tekla Structures	Tekla	计划
Vico Control	Vico Software	计划
Digital Exchange Server	ADAPT Projecct Desivery	文件共享和沟通
Buzzsaw	Autodesk	文件共享
Constructware	Autodesk	协同
ProjectDox	Avolve	文件共享
SharePoint	Microsoft	文件共享、存储、管理
Project Center	Newforma	项目信息管理
Doc Set Manager	Vico Software	图形集比较
FTP Stes	各种供应商	文件共享

图 7-6　其他国外 BIM 应用软件

计算机软件开发商是 BIM 环境的重要成员，建筑企业使用一系列来自不同厂商的硬件和软件，例如 Autodesk/Grapfisoft/Bentley/Tekla，这些 BIM 工具辅以其他专业设计软件及管理软件来满足企业、设计专业和施工项目的需要。但这些现有 BIM 软件产品面临很多挑战：

目前的 BIM 工具主要为设计阶段工具，这些工具在中国应用还有涉及是否符合我国工程建设法律法规、技术标准问题；

项目过程的每个阶段都需要比原来更多的工具，有些工具价格很高，给企业带来了更大的财务负担；有些工具数据不能共享，企业难以全面实施 BIM；

软件开发商 BIM 工具的专用性（开放性和标准化的反义词）导致建筑业企业感觉自己像是在"押宝"，因为越来越多地和一家特定的软件厂商以及该厂商的成和败连在了一起。

5. 中国建设行业需要的 BIM

在此，我们不得不再次阅读美国 BIM 标准对于 BIM 的定义：

BIM 是一个设施有关信息的共享知识资源，从而为其全生命期的各种决策构成一个可靠的基础，这个全生命期定义为从早期的概念一直到拆除。

BIM 的一个基本前提是项目全生命期内不同阶段不同利益相关方的协同，包括在 BIM 中插入、获取、更新和修改信息以支持和反映该利益相关方的职责。BIM 是基于协同性能公开标准的共享数字表达。

显然，软件开发商的 BIM 无法满足上述建设行业需要的 BIM 要求。建设项目全生命期所用软件有成百上千种，"我"只用其中一种，"我"的软件无法从软件开发商的 BIM 中直接得到为我所用的数据。"聚合信息，为我所用"的 BIM 目标在软件开发商描绘的 BIM 中难以实现。

在中国，图7-5描绘的 BIM 离我们所要的建设行业 BIM、离住建部《关于推进建筑信息模型应用的指导意见》中的发展目标："到 2020 年末，建筑行业甲级勘察、设计单位以及特级、一级房屋建筑工程施工企业应掌握并实现 BIM 与企业管理系统和其他信息技术的一体化集成应用。"还有很长的路要走，或者可以说：按软件开发商的 BIM 实施方法，中国 2020 目标无法实现。

无论从中国 BIM 真正落地、中国建筑软件业、中国建筑企业的 BIM 投资回报率、中国建设行业信息安全、中国建筑业"互联网＋"计划等角度来看，没有中国 BIM 顶层设计、没有中国自主知识产权的 BIM 建模软件，"推进 BIM 应用"的结果也仅仅只能限于"推进 BIM 建模软件应用"层面，无法达到"BIM 应用作为建筑业信息化的重要组成部分"。

推动 BIM 技术，如果只重视应用层面的推广，不重视核心技术研发层面的扶持，这在客观上助推国外软件开发商扼杀中国自主知识产权的 BIM 技术。如果国外的 BIM 软件能够解决中国 BIM 应用推广过程的大部分问题，这倒也没什么。但在国内近十年推广 BIM 过程来看，要达到以工程建设法律法规、技术标准为依据，坚持科技进步和管理创新相结合，在建筑领域普及和深化 BIM 应用，提高工程项目全生命期各参与方的工作质量和效率，保障工程建设优质、安全、环保、节能。仅凭国外 BIM 软件是不可能适应中国工程建设行业管理流程和技术管理体系。因此，中国 BIM 软件开发必须以国产软件开发商及 BIM 技术应用者为主体。

"推进 BIM 应用"，现在我们有两条路可走，一是以国外软件开发商"BIM 建模软件"为主制定 BIM 建模与应用标准，统一所有软件在中国的信息交换标准，实现国外"BIM 建模软件"与国外及中国的各种分析与应用软件信息共享，走这条路我们和世界各国一样是十分艰难之路：实现 BIM，山路崎岖。由于国外"BIM 建模软件"开发商的开发计划不会按照中国标准对软件进行投入改造以满足中国工程建设需求，因此我们只能实施"软件开发商 BIM"；二是制定中国 BIM 实施的顶层设计，以国内软件开发商"中国 BIM 建模软件"为主制定 BIM 建模与应用标准，使中国 BIM 落地。

"中国 BIM 建模软件"谈何容易，这正是横亘在中国软件开发商研发中国 BIM 技术面前的一道关键难题。

难道中国 BIM 就不会有创新吗？

6. 中国 BIM 创新架构

没有 BIM 的中国，建设行业无论是数量还是质量都已经达到世界公认的一流水平，我们是按图7-7的传统方法建设的。

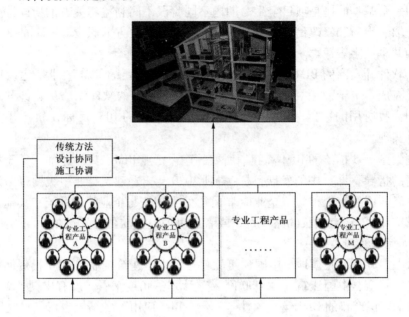

图7-7　传统方法工程建设图

图7-7中，专业工程产品代表实际工程的分部、子分部或分项工程。对于建筑物专业工程产品如基础、桩基（灌注桩、预制桩、地基处理桩等）、基坑（围护桩、地下连续墙、内支撑、锚杆、降水等）、结构（混凝土结构、钢结构、预制结构、砖混结构等）、建筑给水排水及供暖（室内水系统、室外水系统、其他水系统等）、建筑供暖（室内供暖系统、室外供暖系统、热源及辅助设备系统、监测监控系统等）、建筑通风与空调（室内送排风系统模型、防排烟系统（消防）、除尘系统（工业用）、空调系统、地下人防通风系统、真空吸尘系统（工业用）、空调水系统、空调冷热源系统、监测监控系统等）、建筑电气（照明电气系统、动力电气系统、备用电气系统等）、玻璃幕墙、屋面、内装修等。

所有专业工程产品的设计、施工、运维及工程质量及其他管理人员，应用各种信息传递方式，围绕产品工作，并采用传统方法与其他专业工程产品进行设计协同及施工过程协调最终建成。

BIM，改变了我们获取信息、设计协同、施工协调的方式，所有专业工程产品的设计、施工、运维及工程质量及其他管理人员，从BIM模型中获得信息，围绕产品工作，并采用BIM方法与其他专业工程产品进行设计协同及施工过程协调最终建成。

国外软件开发商给我们描绘的BIM软件实施图7-5可以表达为图7-8所示。

中国有句俗语叫"隔行如隔山"，无论是传统或是BIM模型的信息传递、设计协同、施工协调方法，有一件事是不变的：BIM没有改变项目参与者的基本角色和责任。亦即图7-7和图7-8中的"专业工程产品"分类及各人的工种岗位是不变的。

同样实现图7-8的BIM功能，我们可以将图7-6和图7-7融合为图7-9，在专业工程产品中建立"子BIM"如图7-10所示，这些"子BIM"在"总BIM"协调下达到图7-8的BIM功能。

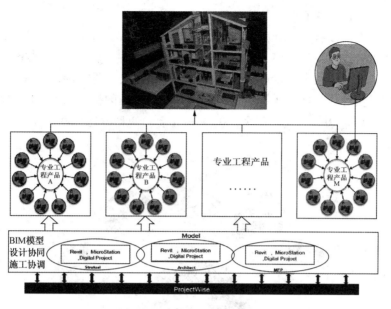

图 7-8　BIM 方法工程建设图

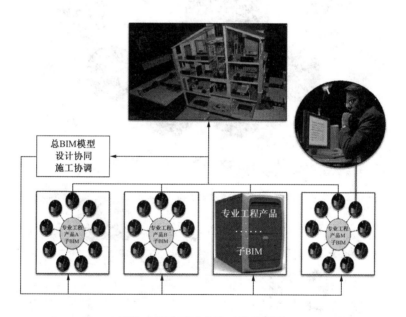

图 7-9　子 BIM 方法工程建设图

对于建筑工程的专业工程产品，设计流程是模型逐步深化的过程。设计院交付的是设计技术依据，有针对完成自己任务的专门软件；深化设计一般由施工单位完成，其软件与设计软件功能完全不同，深化设计过程还是设计，真 5D 不容易，4D 更是"计划"，施工实施不可能完全按深化设计的 4D、5D 执行；由于深化设计不可能全部建模到位，无论如何，深化设计到了施工现场都必须按照实际情况进行调整，这些调整需要现场实施软件建立施工实施（竣工）模型；另外，包括进度、算量及设计在内的所有变更修改 BIM 都来不及。因此，设计模型、深化设计模型、实施（竣工）模型及过程（变更）模型是生产过程的最终模型，也是所有管理依据数据模型。

　　中国软件开发商没有可能开发具有强大功能的国外"BIM 建模软件"，但完全有能力分别开发专业工程产品设计建模软件、深化设计建模软件、施工实施（竣工）建模软件、工程安全、质量和人、财、物管理软件、设计协同和施工协调软件，并制定软件信息交换标准，这样即可实现住建部《关于推进建筑信息模型应用的指导意见》中的发展目标。

　　从传统方法转向 BIM 方法工程中，中国 BIM 实施两种方法如图 7-11 所示，后者是实现中国 BIM 创新的有效途径。

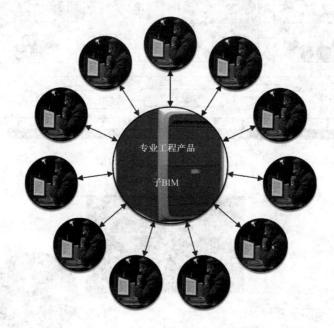

图 7-10　专业工程产品子 BIM 图

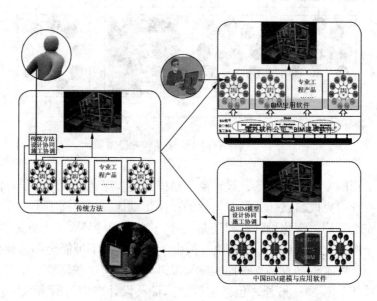

图 7-11　国外软件开发商 BIM 与中国 BIM 创新架构

7. 如何无中生有

《失控》（图7-12）作者凯文·凯利，美国《连线》（Wired）杂志的创始人，他最令人钦佩的成就，是准确预言了"互联网未来5000天"的发展——在其1994年出版的《失控》一书中，他就预言了云计算、物联网、网络社区将成为未来科技发展方向。他在本书致读者写道：更重要的是，我开始换一种方式思考。我开始领会到大型任务如何通过去中心化的方法并借助最少的规则来完成；我懂得了并非所有的事情都要事先规划好。

图7-12

如何无中生有：大自然从无创造了有。

先是一颗坚硬的岩石星球；然后是生命，许许多多的生命。先是贫瘠的荒山；然后是点缀着鱼和香蒲还有红翅黑鹂的山涧。先是橡子，然后是一片橡树林。

我想我自己也能够做到这一点。先是一大块金属；然后是一个机器人。先是几根电线；然后是一个头脑。先是一些古老的基因；然后是一只恐龙。

如何无中生有？虽然大自然深谙这个把戏，但仅仅依靠观察她，我们并没有学到太多的东西。我们更多的是从构造复杂性的失败中，从模仿和理解自然系统的点滴成就中学习经验教训。我从计算机科学和生物研究的最前沿成果中以及交叉学科的各种犄角旮旯里，提取出了大自然用以无中生有的九条规律——是为九律：

分布式——去中心化；自下而上的控制；递增收益；模块化生长；边界最大化；鼓励犯错误；不求最优化，但求多目标；谋求持久的不均衡态；变自生变。

在诸如生物进化、"模拟城市"等各式各样的系统中，都能发现这九律的身影。当然，我并不是说它们是无中生有的唯一律法；但是，由复杂性科学所积累的大量观察中总结出来的这九律，是最为广泛、最为明确、也最具有代表性的通则。我相信，只要坚持这九律，就能够有如神助一般无往而不利。

● 分布式。蜂群意识，经济体行为，超级电脑的思维，以及我的生命，都分布在众多更小的单元上（这些单元自身也可能是分布式的）。当总体大于各部分的简单和时，那多出来的部分（也就是从无中生出的有）就分布于各部分之中。无论何时，当我们从无中得到某物，总会发现它衍生自许多互相作用的更小的部件。我们所能发现的最有趣的奇迹——生命、智力、进化，全部根植于大型分布式系统中。

● 自下而上的控制。当分布式网络中的一切都相互连接起来时，一切都会同时发生。这时，遍及各处而且快速变化的问题，都会围绕涌现的中央权威环行。因此，全面控制必须由自身最底层相互连接的行动，通过并行方式来完成，而非出于中央指令的行为。群体能够引导自己，而且，在快速、大规模的异质性变化领域中，只有群体能引导自己。要想无中生有，控制必然依赖于简单性的低层。

● 递增收益。每当你使用一个想法、一种语言或者一项技能时，你都在强化它、巩固它，并使它更具被重用的可能。这就是所谓的正反馈或者滚雪球。成功孕育成功。这条社会动力学原则在《新约》中表述为："凡有的，还要加给他更多。"任何改变其所处环境以使其产出更多的事物，玩的都是收益递增的游戏。任何大型和可持续的系统，玩的也是这样的游戏。这一定律在经济学、生物学、计算机科学以及人类心理学中都起作用。地球上的生命改变着地球，以产生更多的生命。信心建立起信心。秩序造就更多的秩序。既得者得之。

● 模块化生长。创造一个能运转的复杂系统的唯一途径，就是先从一个能运转的简单系统开始。试图未加培育就立即启用高度复杂的组织——如智力或者市场经济，注定走向失败。整合一个大草原需要时间——哪怕你手中已掌握了所有分块。我们需要时间来让每个部分与其他部分相磨合。通过将简单且独立运作的模块逐步组装起来，复杂性就诞生了。

● 边界最大化。世界产生于差异性。千篇一律的实体必须通过偶尔发生的颠覆性革命来适应世界，一个不小心就可能灰飞烟灭。另一方面，彼此差异的实体，则可以通过每天都在发生的数以千计的微小变革，来适应世界，处于一种永不静止但却不会死掉的状态中。多样性垂青于那些天高皇帝远的边远之地，那些不为人知的隐秘角落，那些混乱时刻，以及那些被孤立的群族。在经济学、生态学、进化论和体制模型中，健康的边缘能够加快它们的适应过程，增加抗扰力，并且几乎总是创新的源泉。

● 鼓励犯错误。小把戏只能得逞一时，到人人都会要时就不灵了。若想超凡脱俗，就需要想出新的游戏，或是开创新的领域。而跳出传统方法、游戏或是领域的举动，又很难同犯错误区别开来。就算是天才们最天马行空的行为，归根结底也是一种试错行为。"犯错和越轨，皆为上帝之安排，"诗人威廉·布莱克这样写道。无论随机还是刻意的错误，都必然成为任何创造过程中不可分割的一部分。进化可以看作一种系统化的错误管理机制。

● 不求最优，但求多目标。简单的机器可以非常高效，而复杂的适应性机器则做不到。一个复杂结构中会有许多个"主子"，系统不能厚此薄彼。与其费劲将任一功能最优化，不如使多数功能"足够好"，这才是大型系统的生存之道。举个例子，一个适应性系统必须权衡是应该拓展已知的成功途径（优化当前策略），还是分出资源来开辟新路（因此把精力浪费在试用效率低下的方法上）。在任一复杂实体中，纠缠在一起的驱动因素是如此之多，以至于不可能明了究竟是什么因素可以使系统生存下来。生存是一个多指向的目标。而多数有机体更是多指向的，它们只是某个碰巧可行的变种，而非蛋白质、基因或器官的精确组合。无中生有讲究的不是高雅；只要能运行，就棒极了。

● 谋求持久的不均衡态。静止不变和过于剧烈的变化都无益于创造。好的创造就如一曲优美的爵士乐，不仅要有平稳的旋律，还要不时地爆发出激昂的音节。均衡即死亡。然而，一个系统若不能在某个平衡点上保持稳定，就几乎就等同于引发爆炸，必然会迅速灭亡。没有事物能既处于平衡态又处于失衡态。但事物可以处于持久的不均衡态——仿佛在永不停歇、永不衰落的边缘上冲浪。创造的神奇之处正是要在这个流动的临界点上安家落户，这也是人类孜孜以求的目标。

● 变自生变。变化本身是可以结构化的。这也是大型复杂系统的做法：协调变化。当多个复杂系统构建成一个特大系统的时候，每个系统就开始影响直至最终改变其他系统的组织结构。也就是说，如果游戏规则的订立是由下而上，则处于底层的相互作用的力量，就有可能在运行期间改变游戏规则。随着时间的推移，那些使系统产生变化的规则，自身也产生了变化。人们常挂在嘴边的进化是关于个体如何随时间而变化的学说。而深层进化——按其可能的正式定义，则是关于改变个体的规则如何随时间而变化的学说。要做到从无中生出更多的有，你就必须要有能自我变化的规则。

以上所说"九律"验证了图 7-8 中国 BIM 建模与应用软件开发的"无中生有"依据，今后的事实会证明图 7-8 较图 7-7 会有更多优势。

"推进 BIM 技术应用"，使中国建筑企业蓦然间感觉世界变了样，摸爬滚打几十年的企业家突然不知道该干什么和怎么干了。金融危机大潮还未退尽，产能过剩台风就已接踵而至；互联网掀起滔天巨浪，制造业的舢板航行在波浪起伏之间。

从互联网经济时代制造业的最终出路看，仅仅选择依靠引进或者自主开发出一些新技术、新产品来提升企业竞争力的传统路径，至多只做对了一半，如果核心建模软件还是国外的，那么这一半也没做对。中国建筑企业不仅要关注专业技术进步对于产业升级的贡献，更要关注业态变化与运行模式进化对于产业升级的巨大牵引作用。因为当前全球制造业的变革不再仅仅由产业技术升级这一单因素驱动，而是正受到互联网、物联网这种通用基础技术进步所带来的业态与运行模式进化的驱动，近乎"零边际成本"的产业变革大潮正在猛烈冲击着传统制造业根基。

在一个越来越网络化、智能化的工业世界里，互联网和物联网技术将渗透到制造业的所有关键领域与环节，广泛存在的深度协同制造、超越所有权的资源共享、高度自我适应的物流、体贴入微的生产性服务、直通用户体验的市场营销，以及方便快捷低成本的交易环境，可能将淘汰工业经济时代自然成长繁衍的制造类企业。当然，如果利用得当，互联网也可用来增强传统制造企业技术优势、成本优势、人才优势以及资金优势、市场优势。

当前，发达国家整体上正在由工业3.0时代向工业4.0时代过渡。工业4.0时代的主要特点是个性化定制、智能化制造、生产性服务与消费性服务相融合。这些特点只能通过产业互联网与消费互联网相互配合才能实现。目前我国的消费互联网已经很发达，但是产业互联网尚未形成气候。而由德、美、日等国大型制造类企业主导的产业互联网建设已经初见端倪，如果我国建筑企业现在不动手打造中国的产业互联网，一旦其他国家的产业互联网形成气候，我国的传统制造类企业将只能被动地纳入到他国的新型产业体系之中，建筑业也是如此。

国务院出台的《中国制造2025》以及刚刚通过的《"互联网＋"行动指导意见》正是国家为避免这种被动局面出现所采取的战略性举措，促进以产业技术创新、商业模式创新和管理创新为主要途径的经济发展新形态生成。因此，中国BIM创新的重要性对于建筑业不言而喻，也只有中国BIM创新能使摸爬滚打几十年的建筑企业家快速适应"推进BIM技术应用"的浪潮。

第八章 BIM 的迷失

1. BIM 的价值是什么

一谈到 BIM，我们往往喜欢谈其非凡价值，所有的建筑创新成果似乎都离不开 BIM。那么，如果要回答 BIM 到底为我们带来什么价值，这就得回答 BIM 产生的背景。美国建筑科学研究院 Deke Smith 教授在回答为什么需要 BIM 时认为图 8-1 的点对点的信息交换方式不起作用了，需要以图 8-2 基于共同模型一对一的方式达到信息共享的最理想信息交换方式。

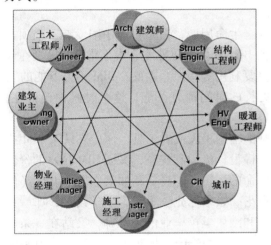

图 8-1 点对点的信息交换方式

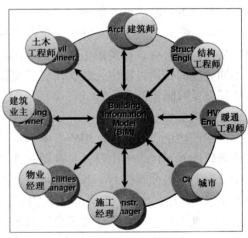

图 8-2 基于同一模型的一对一信息交换方式

图 8-2 中理想的 BIM 数据为项目所有利益相关方利用工作工具——软件，按一定规则读取和输入数据。因此，BIM 还可以表示为如图 8-3 所示：BIM 为软件所用，也需要软件创建。

当软件 $1 \sim n$ 覆盖了全生命期的所有岗位时，就实现了全生命期 BIM 应用。

Deke Smith 教授也把建筑信息模型简单地描述为：全生命期内的互操作性。

因此，BIM 的价值在于实现"电子数据交换、管理和访问做到流畅且无缝对接。这意味着信息只需要输入电子系统一次，然后通过信息技术网络，让参与各方瞬间就能按需提取"。

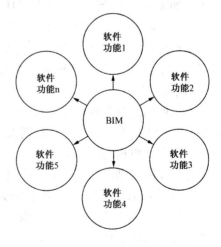

图 8-3 BIM 为软件所创也为软件所用

对比图 8-1 和图 8-2，BIM 没有改变从业者的角色和责任，仅仅改变了从业者获取信息的方法。当人为地赋予 BIM 更多的价值时，迷失了的 BIM 自然让人产生诸多困惑。

2. BIM 生相描述

孙亚莉在 2013 年 12 月 24 日发表的 "致所有年轻的迷茫的 BIM 工作者" 中写道：

作为一名建筑师，从 2006 年接触 BIM 概念到现在 2014 年，快要 8 年了。我对 BIM 的认知一直处于时而兴奋，时而迷茫的状态，到现在一直还是没有变。无论兴奋还是迷茫的表现都是整夜整夜的合不上眼。兴奋是短暂的，迷茫却是常态。也许在昨天，我还不敢正视这个事实；但是今天我觉得非常有必要说真话。因为周围敢说真话的人太少了。BIM 概念过度的被贩卖，BIM 的价值被无限地夸大，年轻的 BIMer 们被忽悠，甚至毁掉了自己的职业生涯。今天不去追究是谁的错。为了避免让更多的年轻设计师，仅仅因为一时的狂热或者被利诱加入这个行列，在此想和大家分享一些心得或者忠告，以此作为个人在思考自己工作发展方向时的良性借鉴。

BIM 的概念和理念是美好的，可以贯穿建筑全生命周期，但是目前中国没有一个项目可以实现这一目标，在美国也不敢说。因为目前 BIM 软件的成熟度、本土化以及模型在建筑不同阶段的传递过程中无法实现完美交接、重复利用等功能。因此 "BIM 不是万能的"，BIM 还需要时间去完善，10 年，20 年，甚至更长的时间都有可能。这个时候你要记住，耐着性子很重要。

站在设计企业的角度，BIM 技术只是设计师的辅助手段或者工具，你如果只懂 BIM 技术或者软件并不代表你比设计师高明；如果你既懂设计流程和规范，又懂 BIM 技术的价值应用点，那说明你就技高一筹了。可是这里有致命的逻辑：逻辑一，如果你先学设计（假设 5 年），再去学 BIM，其实 BIM 相当于锦上添花；如果你先学 BIM，后学设计，那就是曾经沧海难为水，意味着你放下身段从零做起，和刚从学校毕业的设计师，又站在一条起跑线上。这个时候 BIM 反而成了你的思想包袱。有个女孩子刚毕业就去学 BIM 建模和管线综合，做了 5 年，这个时候已经 30 岁，她发现自己天天重复同样的事情，专业上也无法有更大的发展，想学设计已经力不从心。这不是让人很惋惜吗？逻辑三，你如果是自学 BIM 软件，然后一边学设计一边学 BIM，这个就是很完美的状态。5 年以后，既可以朝专业负责人也可以朝 BIM 的方向深入发展。可是这里又牵扯到工作的土壤，如果你在的企业都是用 CAD，就你一个人用 Revit，你要坚守住寂寞并且要保持速度统一，那注定要求你必须是高手。

看看上面的三个逻辑，你适合哪一个？逻辑之外还有一种人，就是喜欢做建模员，做了 5 年、8 年也不烦。之前说 "翻别人的模型是没有出路的"，这里算是例外。乐此不疲，没有什么比喜欢更重要。

千万不要因为刚毕业选择 BIM 的工作比选择做设计的薪水高，就去盲从，这个是非常短视的，20 岁没有钱是常态，但正是学知识积累经验的黄金阶段。把黄金时间用在你最想做的并且擅长的事情上才能可持续。很多人都认为做 BIM 的一定比一般的设计师赚得多，就挤着头皮往里钻，进来之后才发现并不尽然。这点年轻人一定要谨记，眼前的利益并不代表 5 年、10 年之后的利益，要把眼光放长远。

如果你所在的企业，是把设计和 BIM 隔离的，而你做了两年的项目之后发现没有收获，那你要赶紧思考一下，自己是否愿意长期把时间和精力放在你目前的工作上面。如果你只是作为一个 BIM 工具被使用，工作中没有发挥自己的主观能动性和调动你内在的潜力，那你就要深刻地思考如何转变。

不要迷信名人、权威，或者所谓的专家。在有些公众场合，我被介绍成 BIM 专家，这个时候我后背发凉，其实在目前的中国，没有人敢说自己是 BIM 专家。我以前为了减轻自己的困惑，就去参加各种沙龙，花钱参加研讨会，结果都是失望而归，最后发现只有自己能帮自己。只有在做项目，真枪实干的时候，才感觉接地气，内心踏实。实践多了，你就会发现有些东西是真的，有些是假的。

不论兴奋还是迷茫，有一点是我一直坚信和坚守的，那就是"设计和 BIM 必须一体化！"。我常常用"挖油井"来形容自己坚守的信条，我不知道会不会冒油喷浆，但是我肯定不会去挖另外一口井。

徐新发布于 2014 年 12 月 7 日的题为"BIM 众生相"写道：

如果您从事建筑业，行业开会或同行寒暄，您要是不说 BIM 都不好意思说是做建筑的，无论您是做设计、施工还是监理，可见 BIM 在建筑业中的影响有多深。俗话说"无利不起早"，能在陈腐的建筑业中找到一抹亮色，就像抓住了一根救命稻草，不管 BIM 代表了什么，就先让它去代表"先进生产力"吧。奉为"建筑业革命"的有之，高举"BIM 咨询"大旗的更是不可胜数。可以回味的是：在这场喧闹中，意识敏锐选择做 BIM 生意的，都站着，并且把钱赚了。也有走在前头，深入应用后反思的，觉得 BIM 还有很长的路要走，现在把它"神化"也许就是"捧杀"。就像一个不恰当的比喻：共产主义是我们奋斗的目标，但并非是"人有多大胆，地有多大产"，伟大的邓爷爷指出，我们还处在社会主义的初级阶段。同样 BIM 从概念提出到诸侯纷争再到 Jerry 一统江湖把名称定为"BIM"，也不过十来年的时间，虽然名字是统一了，但内涵还是各表。处在初级阶段的 BIM，其价值还有待完善，也正是发现了其远期价值有利可图，才催生了各色人等趋之若鹜，利益的众生相一一浮现。

厂商似乎不遗余力地在完善 BIM 的内涵与外延，缘由很简单，他就靠这个概念来赚钱。也无怪乎某厂商能花血本在××工程上砸钱，效果就是一砸就砸出个国际声誉来，你无论到美国还是欧洲，到处都是"×× Tower"是 BIM 应用最好的代表工程。但实际应用情况却是赔钱赚了吆喝，做了一好广告，但也开了一国际玩笑。当然也可以借某些点上的应用来放大 BIM 的价值，比如老三样："施工模拟、管线综合、碰撞检查"，再说就说不下去了，的确是乏善可陈。你也可以说幕墙和钢结构诸如此类，但那是"×牛、×拉"的功劳，它们当然也是 BIM 应用之一，跟某厂商的期望值相差甚远。对业主或总承包商来说，失之桑榆，收之东隅，搂草打兔子也算有所收获。但也让很多建筑从业者看到一些真相：并非每个环节都能体现 BIM 的最大价值，有的环节应用还很不成熟，原因来自于一些 BIM 软件的成熟度欠佳，被厂商人为的夸大其应用价值。如果说中国老祖宗的俗语"无商不奸"有一番道理的话，软件厂商只想从中获利，所有这些来自实际的反馈无不把其"奸相"一一暴露。

把 BIM 当成神器，无论什么场合都把 BIM 挂嘴边，而他本人却对 BIM 的理解除却这三个英文字母外，别无更深入的知识。厂商喜欢邀请他去演讲如何"应用"，变相为他们的产品做了广告；业主喜欢他去讲在本工程的"应用"，为工程扩大了影响力；施工单位也喜欢他去忽悠，为自己脸上贴金；最苦的也是他手下的小兄弟，得为他的PPT准备截图、准备素材、绞尽脑汁想出点"老三样"之外的卖点。某重点工程打算基于BIM来筹备做个运维管理平台，实施方拍胸脯保证BIM的精度及信息，打开模型一看，除了图形是3D的，有些族还建得不是很完善，一些需要管理的设施设备缺了关键的控制箱模型，最最关键的是：说好的信息呢？都不说主数据管理了，基本信息都没有。眼见这位老总一副无知者无畏的态势，可谓是"无畏相"。

到今天，BIM还算是新生事物，基于一个尚不完善的IFC算暂时解决了数据交换的标准。有管理经典语录说：一流企业做标准，二流企业做品牌，三流企业做产品，这理念贯彻得不错，很多企业都不想输在起跑线上，都争做"一流的企业"，于是乎一拥而上一起争做"标准"的编撰人。从国内标准制定的乱象来看，狼烟四起的标准制定之争还会延续，唯独没有官方的标准，结果就是还是没有标准。BIM无论在中国还是在欧美等其他国家，是个庞大的体系，无论从法律层面、标准层面还是软件系统本身都还有很长的路要走。企业和高校都会从不同的角度进行研究，也有人想抄近道，抱住清华、北大甚至同济某些教授的大腿就像攀上了高枝，能在未来的标准之争中有一席之地，也不顾及自己企业的定位与实力，砸上百万也不见得有什么水漂。此类人等只能归结为"媚相"。

任何事物的发展都有中坚的正能量在推动，这些不是那些因为利益相关而夸张推动者。Jerry Laiserin在诸侯纷争时统一BIM称谓，而在软件厂商为了自己的商业利益夸大鼓吹BIM的作用时，能厘清在不同的发展阶段或在建筑全生命周期的不同阶段的应用有其优势也同样有不足。在推动BIM向前发展的道路上，思路清晰，不为利益所动，看好未来BIM的发展趋势，并积极推动。此类人等法相庄严，可谓"正相"。

"The BIM is dead, long live the BIM"，Jerry Laiserin如是说。BIM从大概五年前像打了鸡血似的在中国大地上忽悠到今天似乎已经在回归理性。"神化"的BIM也许已经死亡，真正面向应用的BIM正在重生。无论从业主、设计、施工还是运营的企业，都在关注BIM如果在这些阶段能为己所用。

经常有个问题被提及：BIM对哪一方价值最大？其实每一方都有自己的价值评判，业主更希望能看到在建设之前得到一个什么样的产品并在过程付出什么样的成本。就如SO-HO的老板和老板娘，他们也许并不确切知道BIM是否能带给他们一个准确的数字，但已经够了：有个可视化的平台、能预估一下成本，甚至还能被忽悠下进度，满足他们的需求了。

对设计方来说，BIM的应用更为广泛：3D的设计、从建筑、结构、MEP到装饰的协同（当然可能还有其他，如钢结构和幕墙）；对功能的检验，日照分析、能耗分析、管线综合、碰撞检查、施工模拟、成本分析等都可以在设计阶段进行模拟，价值体现更为充分。

施工阶段的BIM就是指导施工，把施工组织设计可以在电脑上模拟出来，比如场地布置等，也可以根据业主要求的进度排进度计划，这当然需要管理的粒度要精细，构件级是必需的。至于老三样（施工模拟、管线综合、碰撞检查）个人感觉这就是设计（深化）应该做的，扣除施工现场误差因素，如果这个还放到施工过程来做，设计者真应该去撞南墙了。反过来，如果是因为施工误差巨大而导致碰撞，施工的，你也好去撞南墙了。

一直以为 BIM 应该对运维是最有价值的，从建筑的全生命周期来看，运维需要管理的时间多数超过 90％。BIM 带过来什么？除了 3D 的图形外更多的应该是构件（设施、设备）的属性信息以及空间信息。要得到这些信息，需要从设计方得到模型、施工过程完善信息还有信息提取的方法。得到信息后，管理平台就更重要，不但要对 BIM 来的信息进行管理，还应从事件触发流程来反馈到 BIM 模型的场景中，辅以大数据对构件的相互依存关系进行分析，得出处理方案。

从运维管理也应看到一个建筑项目要实施 BIM，必须从开始就需要进行规划，体系化运行。虽然现阶段实施 BIM 因为一些技术原因分块建模，相互割裂，从长远发展看，BIM 实施一定是协同的，包括阶段的协同（设计、施工、运维）以及工种的协同。引入 BIM 咨询是个很好的方法，从业主角度出发，进行主数据的规划以及全过程的规划，最终 BIM 的交付物会记录建设过程的全部信息并为运维所用。

3. 在 BIM 中迷失

BIM 的"聚合信息，为我所用"特点表达如图 8-4 所示。

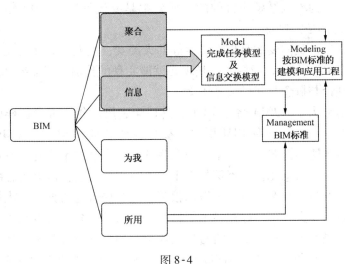

图 8-4

从图 8-4 可见，我们在 BIM 实施过程中往往迷失自我：我的岗位是什么？我喜欢用什么软件？我关心什么信息？……

周志研究 BIM 多年，在 2013 年 11 月总结了 BIM 体会：

BIM 这东西在中国已经热了有些年了，我的一些圈外的朋友在我的推荐下也来了解 BIM，但普遍向我反映听到了一些概念，感觉很虚。而圈内的朋友往往带着一腔热血投入到这个行业，可几年来生存日渐艰难，短时间内也看不到什么出路，不少人离开了这个行业。

为了什么会出现这个情况？可能与中国 BIM 的发展与宣传倒挂有关系。当中国人刚刚接触 BIM 这个新生事物，按道理说，最初应该是个学习期，很难产生直接价值，学到知识本身就是我们得到的价值。在这个阶段，应用为王，不管有没有产生价值，通过应用发现存在的问题就是我们的目标，引进新技术所经历的痛苦、挫折以及解决这些问题的方法与经验就是我们得到的最大价值，失败才是这个阶段的最大财富。完成这个过程之后，才是价值导向。

但在中国 BIM 的宣传里，我们是反过来的，刚引进 BIM，很多人就在大力宣传利用 BIM 得到了多大价值，如何如何成功：违背规律的宣传必有重大泡沫。比如我们经常听到某某项目引进 BIM 技术进行了碰撞检查，降低了 30% 的成本等，但作为 BIM 圈外的人看这个项目的总成本与分项目成本之后，发现这个项目的实际成本比行业平均成本相差不大。所谓降低了 30% 的成本是假设检查的都正确且已修改（事实上大多没有修改），而且假设没有检查的时候施工阶段闭着眼施工，不做任何处理。这就让圈外的人认为我们是大忽悠。而对于圈内的人，我们更想知道这个项目到底是怎么做的，存在哪些问题，解决了哪些问题，哪些问题没有解决，导致了什么后果……但这些东西多数人都不说，他们把这当成自己的秘密，因而这个行业的知识传播缓慢，这一两年没有什么明显进步。

可是 BIM 的本质是信息的无障碍沟通！当 BIM 这个圈子人自己都不愿意分享知识，怎么可能实现一个 BIM 时代？在应用为王的时代我们在宣传价值。当进入价值导向的时代，我们就会发现我们根本没有做好准备。

对于成年人，任何不以结婚为目的的谈恋爱都是耍流氓！在 2013 年，任何不以价值为导向的 BIM 实施都是大忽悠！

对于大龄男青年，我们要的是现在能生娃的大美女，没人关心你女儿十年后能不能出落成一朵花！对于 BIM 客户，我们要的是现在就能实现的价值，我需要知道自己实施 BIM 的成本与风险。理论与概念与我们关系不大。

价值为王，落地为王。2014 将是 BIM 的落地年、风险年。带着这样的认识，我这十个月没有上班，在全国走访各种 BIM 用户，参与各种 BIM 活动，了解 BIM 的实际情况，所以这段时间我在微博和博客里消失了。现在我开始把自己这十个月考察所得到的知识写出来，因为自己是工程信息化比较资深的人士，上海中心与后世博央企总部等 BIM 实施的标志性项目我都有参与，所有参与者过得都很苦，这些痛苦经历拥有巨大社会价值，我想把这些东西拿出来与大家分享，好在各个项目的痛苦都差不多，所以我也不用说是哪个项目的，而我也忘记是哪个项目的了，哈哈！在这个系列中，我会基于落地与我看到的东西来描述当今 BIM 实际所能实现的价值以及为实现这些价值所需要承担的成本与风险。我没有能力看到中国 BIM 的全部，因而我有可能说错，但我承诺我不会去造假。我的水平有限，可能会错误地解读了 BIM，但我承诺我不因自己的利益去扭曲事实。

和多数人一样，刚接触 BIM 的时候，我也被一堆的名词与概念搞得晕头转向，弄不清楚这东西能干什么，找了大半个中国也没找到几个真正产生工程价值的案例，在相当长的一段时间里，我以为中国建筑业的大环境导致我们没有实现 BIM 在欧美所产生的价值。但是参加了几个 BIM 会议，屡屡见到在美国做 BIM 的人拉着中国人的手说，BIM 在中国做得好，比美国强多了……我当即晕倒，那几个讲案例的人我都认识，他们的 BIM 都没怎么用起来呢，所谓做得比美国好，其实不过是讲了几个概念而已。于是一个极度坑爹的问题涌上我的心头，BIM 到底能做到什么？它的本质是什么？

这下我可跳到坑里去了，因为我们都知道这个问题有多大：

按美国国家 BIM 标准对 BIM 的定义："BIM 是建设项目兼具物理特性与功能特性的数

字化模型，且是从建设项目的最初概念设计开始的整个生命周期里做出任何决策的可靠共享信息资源"。

百度百科中的说法我们更熟：建筑信息模型（Building Information Modeling）是以建筑工程项目的各项相关信息数据作为模型的基础，进行建筑模型的建立，通过数字信息仿真模拟建筑物所具有的真实信息。

这两种概念都给我一个感觉：这东西好像啥都能干，但又好像啥都干不了，直到有一天我突然冒出一个想法：

BIM 只不过是人类用信息技术对建筑从业人员思维过程与建筑业各主体、对象和活动的模拟、代替与优化。

这个答案错不了，因为这是信息化的本质。一定是能模拟的东西才能代替，能代替的才能优化，这个也错不了，因为这是人类认识客观世界的本质。

在建筑的设计阶段中，我们主要是思维活动。而在施工阶段，要想实现进度成本质量与安全四大目标，除了思维活动，还有其他活动，简单来说，有人的活动、机械设备的活动、材料的运动、工艺工法、人文与物质环境、权力的实现与流动（比如各种验核批准与验收，质量检验等）以及文件与信息的流动等。这些东西目前都难以用建筑模型来模拟，当然也就谈不上代替与优化。那么能否把这些活动所产生的信息加载到 BIM 模型中呢？理论上存在可能性，但实践上几乎不可能。

搞过软件的人都知道，要想实现信息的有效加载与传递，至少需要三个前提，信息的载体必须是结构化的，信息自身是结构化的，两个传递信息的载体的结构与信息的结构要相融。而目前的所有 BIM 软件都是按 PBS（产品结构分解或项目结构分解）对建筑物进行分解的，其粒度达到了构件级，而承载建筑活动信息的载体不仅需要符合 PBS 分解结构，至少还需要符合 OBS（组织结构分解），其粒度不能低于班组，WBS（工作结构分解），其粒度不能低于工序（其他还有 CBS 等）。BIM 在这些方面的研究还没有开始过。要把施工中产生的信息强行加载到以 PBS 为基础的构件上去，可能吗？根本配不上对。

目前我们所能做到的极限，是施工完成后，将建筑物的物理与功能的属性与信息加载到 BIM 模型中去，因为目前 BIM 只实现对建筑物的模拟与优化。

BIM 为什么是三维的？因为 BIM 所模拟的建筑物是三维的，BIM 模型为什么会有物理和材料等属性？因为现实世界的房屋构件有这些东西……

所谓的 BIM，只不过是用三维数字模型模拟真实世界的建筑物及设计师与思维过程，用信息与属性模拟构件的物理与功能属性，用网络技术模拟人们的沟通交流……

仅此而已！

为什么现在很多人把 BIM 弄成了大忽悠？因为他们跳过了模拟与代替，直接奔着优化去了，所以在概念上无比完美，可就是没法落地，不可行。

这里我没有说 BIM 不能有一些质量与成本方面的应用，但这与 BIM 能把质量、成本与工期管理起来是两回事，任何东西都可以有质量成本功能，比如说我在这里放一个屁，把你熏跑了，让你少窝了一回工，降低了成本与工期，屁吹过，加速了混凝土硬化，提高了工程质量，过一会儿上面掉下一根钢筋，又让你免于安全事故，难道能说我放屁能解决工程管理问题。真要讲应用，就应该至少是在一个局部系统地解决问题。一些工程安全包括结构安全与行为安全都不知道的人整天喊着实现了 BIM 安全应用，不管你们信不信，反正我是不信，但现在 BIM 圈里有很多人在这样偷换概念。

所以，目前 BIM 在施工阶段的应用是有限的，我所知的施工应用案例也基本集中在深化设计和交付，其实还是图纸与文件的升级代替品。在当前条件下，BIM 不仅不能对建筑活动全覆盖，而且也不能实现有效的信息打通，因为现在的软件不支持。

全过程是个好词，不管是搞工程管理、风险管理还是搞信息化的，不加个全过程应用好像就不够时髦，但是我考察了很多 BIM 案例，发现所有案例中从方案设计到初步设计与施工都是各自独立建模型，连模型都重建了，信息自然就重新加载。这显然违背了 BIM 的核心理念，有一部分案例是因为设计企业没有及时把模型交到施工企业手里，但那些把模型交过来的案例中，施工企业还是选择自己再建模型，查其原因主要有六，其中模型方面有三，一是设计企业提供的模型不够细，例如很多板在设计时只是一块，但施工时需要分几块浇注（最常见的是很多设计模型把一栋楼从底到顶建一根柱子，但这明显是只追求三维的建模错误），二是因施工方案与算量以及深化设计等目标导致施工时的很多建模要求与设计不同。三是设计模型有很多错误，难以查找分析。对于现在的 BIM 软件，大量修改模型，还不如自己翻建一次模型来得方便。而信息方面也有三，一是设计企业在模型中添加的信息不全，难以达到施工的要求。二是很多信息错误，不好用。三是难以搞懂设计企业的信息加载逻辑，修改困难。在这种情况下，与其花力气查错与弄清楚设计企业哪些加了哪些没加，不如自己添加信息来得痛快。

为什么会造成这样的局面？经过研究我意外发现，其根本原因是 revit 的设计理念是制造业的，而不是建筑业的。如果我们回到信息化的本质，BIM 只不过是人类用信息技术对建筑从业人员思维过程与建筑业各主体、对象和活动的模拟、代替与优化。那么 revit 所模拟的是机械设计的思维而不是建筑设计的思维。我刚好是从建筑机械设计行业转行到建筑行业来的，两方面都不精通但都有经验。现在就以我的理解来描述一下建筑设计与机械设计的不同。

机械设计是一种自下而上，从局部到整体一步步形成的过程。从广义来说，大多数机械都是由工作执行装置、传动系统、动力系统、控制系统和结构体系组成。在设计的时候，各系统之间是比较独立的，相互之间的关系是简单线性的，工作装置决定了传动系统与动力系统，传动与动力决定了控制系统。这些东西都弄好了，再去思考放在哪个位置与整体结构。所有这些都是分开一个一个思考的，相互之间影响很小，结构空间是很次要的。比如我设计一个挖掘机，如果我在挖机上加一个破碎锤，那我只需要在小臂上钻几个安装孔，对其他部分的影响？传动系统多装一个阀，动力上多装一个泵而已（多数时候连泵都不用加的），而且发动机、分配阀与 PLC 上本就预留了备用接口。最后，我们还可以重新调整各部件的位置，根据需要，我可以把发动机放在前面，也可以放在后面，对其他部分的影响？油管与电线的长度变了而已。更有甚者，我甚至可以根本不设计破碎锤。当我判断百分之八十的客户不需要此功能时，我就不设计，如果你想用，自己买个手动的。

但建筑设计是一种自上而下，从整体到局部一步步细化的过程。从一开始就需要全局的思考，如果你的建筑已经设计好了，突然想加一个电梯？对不起，你整个设计要重来。功能与空间关系密切，你想把厨房从南面改到北面？对不起，设计重来。各功能之间关系相互影响巨大，你想把主卧增加一倍？对不起，还是要设计重来。每个功能就针对现在这个客户，用就是用，不用就是不用，没有 80% 这一说。预留接口？你什么时候见我们设计房子留下一个房间备用？

当一个机械设计者接到设计任务，他一般不知道需要设计哪些功能，他把自己知道的功能一个个进行设计，从零件组装成部件，部件组装成总成，总成组装成系统，系统组成产品。图纸出来之后试制样机，样机试用之后会发现有些功能没想到，增加这些功能，交付客户试用，会发现有些工况没想到，再增加或修改功能，直到形成批量产品。同样的螺栓可以用在发动机也可以用在油缸，其构件（零件）组织方式是自由的。其加载的信息是从一开始就确定的，无非是强度材质等，与他用到哪里无关，也不会随着生产过程有什么变化。

而对于建筑业，我们从一开始就对所有功能进行分配与布置。然后逐步细化，从一栋大楼细化到每个房间，从每个房间再确定每道墙、每块板，一块板还可分几块浇注。各构件组织与其所属的功能区间关系密切，比如灶台一定是放在厨房的，厕所门一定要正对厨房的……一道墙是分隔卫生间与卧室的而另一道分隔卫生间与走廊，其两面的装修也自然不同，随着生产的进行，我们还会根据施工方案与工艺不断调整。

简单来说，机械设计行业零件是标准的，功能是定制（柔性）的，是从下而上的思维。而建筑设计行业功能是标准的（有规范与标准），零件（构件）是定制的，是自上而下的思维。Eastman（BIM 手册作者）老爷子是知道这件事的，但不知为何，他没有细说。

对比之下，我们会发现 revit 是机械设计的思维方式，他让你先设计构件，然后组成房间，一步步往下发展……思维方式一错，就偏离了建筑业的本质，此后带来了一系列的问题，就决定了有些理论上的 BIM 价值是不能实现的，还有一些价值需要我们做很多工作来解决模型与信息的组织问题。具体哪些方面要做工作哪些方面不需要做工作，还是要比较当前 BIM 软件的思维方式与建筑设计者的思维方式的优劣。

信息时代的一个显著特征是新技术创造、应用与推广速度大大加快了，新技术从产品成形到社会普遍理解接受一般不会超过七年，再到全面推广应用也不会超过七年。即使是电子商务（例如淘宝）这种颠覆性的商业模式也没有违背这个规律。可这个规律在 BIM 这件事上失效了！BIM 从 2004 年正式进入中国，到现在没能被普遍接受——莫说普通的建筑从业人员，就连大多数专门从事 BIM 工作的人都很难说清 BIM 到底是个什么东西。至于全面推广，就更不知道是何年何月的事了！

没有人否认 BIM 是建筑业的必然趋势。如果这个趋势在七年之后仍然没有被社会普遍接受与理解，那就只能是在某些关键地方出了问题！可能的原因只有三种：要么是尚未出现成熟的产品，要么是实施模式错了，要么既未出现成熟产品又采用了错误的实施模式！

带着这样的理解我走上了 BIM 之路，过去几年里我用各种各样的方式进行 BIM 实践：参与开发了很多所谓 BIM 软件，主持了很多企业级与项目级的 BIM 实施，也参与了很多BIM 研究。但没有任何一个项目能真正走出一条被工程人员认可的 BIM 实施模式，之后我不再承接任何新 BIM 业务，专心研究美国的标准、软件技术资料与项目实施方案。最后我不得不承认一个事实：我们所用的 BIM 软件是不成熟的，我们走的路是错误的！

一直以来我们都试图学习美国 BIM 的先进经验，以为只要把美国的标准移植到中国，用好了西方国家的软件就能走出一条中国的 BIM 之路。

可是美国 BIM 标准还只是个半成品。STEP 标准是一个尚未完成的产品信息建模标准。STEP 标准的建筑业特例 IFC 研究也只刚刚完成了一小半，buildingSMART 国际总部主席

PatrickMacLeam 甚至认为美国 BIM 标准目前只完成了约 7% 的工作量，这样一个标准用来学习研究是很好的，但用来指导 BIM 实施就远远不够了。

而我们的 BIM 软件体系是严重残缺不全的。相对于制造业 CAD 所包含的狭义 CAD（计算机辅助设计）、CAE、CAPP（计算机辅助工艺设计）、CAM（计算机辅助制造）、PDM、CIMS 这一整套软件体系，当前 BIM 体系还只包含了不完整的计算机辅助设计软件与分析软件，我们并不能用计算机自动生成施工工艺方案，也不能用 BIM 里的数据直接控制混凝土搅拌站工作参数等（制造业里 CAPP 与 CAM 所负责的任务）的工作。少了这些关键要素的建筑业 PDM 乃至 CIMS 就沦为了一个概念，根本不能实现有效的全生命周期管理。其直接结果是 BIM 的施工应用中在四维可视化以外的价值非常有限。我在工程界的朋友大都是不以 BIM 为职业的，他们在看了我们所做的东西都是连连摇头，认为没多大用。而工程量计算上很多费用项目在 BIM 里没有合适的信息载体，所谓 BIM 算量仍然是三维图形算量加有限的材质信息，与传统算量软件没有质的区别，只不过是图形平台从 Auto CAD 换成了 Revit 或 CATIA（其实他们的几何造型引擎都是 ACIS，对最底层而言连换都没换），BIM 信息与造价的联动能力非常有限。

我们一直说 BIM 是 CAD 之后建筑业的第二次革命，真相是 CAD 所覆盖的范围比我们所用的 BIM 要大得多，理念也先进得多！这个结果搞笑而又让人崩溃，我仍然相信 BIM 是建筑业的发展趋势，我知道只有把 BIM 软件体系完善起来，走适合中国的 BIM 之路才能实现中国 BIM 之梦。但我找不到具体实现方法。

第九章 IFC - BIM

BIM 的核心在于信息（Information），除了对工程对象进行 3D 几何信息和拓扑关系的描述，还包括完整的工程信息描述，是建筑全生命过程中各部门、各专业共同创建、共享、维护、可持续利用的信息数据库。促进 AEC 项目中不同专业间的协同是 BIM 的焦点之一。

建筑工程具有多部门、多专业、多变更的特点，整个建筑生命周期中不断创建、积累、变更的数据无法进行流畅的传递与共享，将造成行业庞大的资源浪费与效率问题。而 BIM 的一个主要发展目标就是通过交互式（Interoperable）的信息交换，转换产业供应链以改善信息技术在 AEC 领域的应用。

1. IFC - BIM

20 世纪 80 年代初，面向对象开发技术逐渐兴起，此后出现了几十种面向对象的软件开发方法，其中 Booch、Coad/Yourdon 和 Jacobson 提出的 3 种面向对象技术成为当时的主流。在 1995 年前后，Booch、Rumbaugh 和 Jacobson3 人共同努力，推出了统一建模语言（unified modeling language，UML）。他们结合了各自方法的优点，统一了符号，吸收了彼此许多经过了实际检验的经验和技术。此后，面向对象的技术逐渐流行起来。面向对象开发技术以对象作为最基本的元素，将软件系统看成是离散对象的集合，一个对象包括数据和行为。

英国皇家特许测量师学会（RICS）全球专业指引《国际 BIM 实施指南》（第一版）中关于"BIM 的技术性"指出：

BIM 的核心是受 CAD 基础原理带动的一种 ICT（信息通信技术）。它利用了在 3D 建模领域取得的技术进步，特别是从产品研发和制造部门取得的技术进步。

建筑信息模型是与一个项目的物理和功能信息相关的中央电子资料库。此电子化信息存储库已经延展到整个项目生命周期。在 BIM 过程中以多种方式采用这些信息，有的是直接采用，有的是在经过推导、计算及分析之后采用的。此信息的收集、储存、编辑、管理、检索及处理方式对 BIM 过程能否成功非常重要。鉴于此，建筑环境项目可视为由众多相互关联对象（例如：墙、门、梁、管道、阀门等）组成的一个庞大集合。支持 BIM 的基本 ICT 技术在执行前述任务时还采用了面向对象的方法。BIM 基本上可以视为存储于一个"智能"数据库中的"智能"对象集合。

从传统意义上，CAD 软件在内部利用点、线、矩形、面等几何实体表达各类数据。这种方法的缺点是，尽管该系统可以精确地描述任何区域中的几何形状中，但无法捕捉有关各类对象的特定域的信息（例如一根柱梁的属性，在一面墙壁中安装的门或窗，管架的位置等）。

几何信息本身无法表示整个 BIM 流程所需的项目。在这方面，技术已经转型到利用特定领域的对象型表述。在建筑环境产业中，这相当于是围绕项目实体以及与其他项目实体之间关系建模的表述模式。例如，在界定一个墙对象时，几何只是这些建筑元素中的一个特性。房间由四堵墙构成，除了几何信息，还拥有连墙和附加空间等信息。这有时称为"建筑表示"，指的是嵌入这些对象中的信息的域属性。

利用此类特定域对象表示可以存储有用的信息，以备日后取用。例如，由于包括了墙壁、天花板和地板的恰当关系，因此可以取与附加或围闭空间相关的信息。关于空间的此类信息可用于 BIM 过程中的程序分析以及能耗和输出分析。

BIM 软件中对象的使用由于一系列因素而被进一步增强：

对象特性或属性：这些允许模型中储存与对象相关的有用信息；例如：墙厚、墙体材料、墙的导热性等。对象特性或属性需要与分析、成本估计以及其他应用结合。

对象的参数化特征：这些允许建模过程实现一定程度的自动化，例如，界定一个参数，以捕获钢板的孔中心在其水平边缘中间的设计意图。当建模者在模型中使用这块钢板，以及界定钢板尺寸时，利用对象的参数化特征可以自动设置孔的位置，从而使 BIM 软件环境中的对象在其背景环境变化时自动更正。这被称为对象的行为。通过将这些改进后的功能组合在一起，可以推导出有意义的丰富建模功能。举例，一个房间中的墙对象可能与所有其他对象有关联，在墙壁中可能安装门窗，可以界定这些对象相互关系的规则，还可以自动生成和修改明细表。在现代 BIM 软件环境中，用户能够通过增加用户定义的特性和属性扩展对象的建模行为。

利用 BIM 数据库中这些智能对象及其特性、参数化设计和行为，在一个 BIM 环境中的模型进程得到实现。利用信息中央存储库，项目团队中的各成员在项目生命周期各阶段能够增加、编辑或从存储库取信息。当这些对象获得更多信息时，模型变得更加丰富。

BIM 是改革建筑环境产业的一种方式，其之所以具有吸引力是因为能够使项目交付网络中的各利益相关方之间在内部进行协调、合作和沟通，但这又谈何容易。从实际角度来看，这将意味着一个中立的或开源的数据表示格式，这种格式将允许实现无缝电子交换信息。在建筑环境产业中应用了众多的设计和分析软件以及重复的数据需求，每个软件应用的是专有格式的数据表示。在个体层面，当采用面向对象时，每一个软件工具可能以一种专有格式在内部存储对象数据，这阻碍了软件的互操作性，导致无法兑现合作、协调及沟通的承诺。缺乏软件互操作性已经成为 BIM 在建筑环境产业进展缓慢的一个主要原因。

在一般背景下，互操作性是指软件和硬件在多个供应商提供的多个计算平台上，以有用和有意义的方式交换信息的能力。在建筑背景下，互操作性是指设计、建设、维护以及相关业务过程中的项目参与者之间使用、管理、交流电子产品及项目数据的能力。此外，需要重点强调的是，从多个资源都可获取建筑环境产业所需的信息。地理空间数据被应用于建筑环境领域的设计和施工过程，而且各类数据也可能表现为图形数据、文本数据以及链接数据。

从技术上讲，BIM 中所述的互操作性可以通过一种使用标准模式语言的开放及公开管理的架构（字典）来实现。架构是一组界定信息形式结构的一种表现形式。这通常是采用一个架构语言定义的，最常见的是可扩展标记语言（XML）和快速传递语言。尽管此类架构有许多种，但仅有少数几种已经达到值得考虑的接受度和成熟度。

2001 年，ISO 开始编制关于建筑信息的 12006 标准，其主要内容即日后的 Omniclass

标准。2002 年，Autodesk 收购创立于 1996 年代的 Revit，并逐渐放弃将其 CAD 产品线进行 BIM 化的努力（至 2014 年才完全放弃）。BIM 这个术语开始渐渐成为主流。2004～2006 年间，Autodesk 基于 Revit 的 BIM 产品开始推向全球市场（包括中国），此时中国开始出现 BIM 的声音。2006 年，CSI 学会推出集大成者的 Omniclass 建筑信息分类编码体系，并被 Revit 采纳内置为族系统的默认编码体系，随着 Revit 日渐成为主流的 BIM 建模软件，Omniclass 也渐渐普及。

2007 年，IAI 更名为 buildingSMART 并分裂为国际上的 bSI 与美国 bSa，bSI 继续搞 openBIM，而实力最强的北美分会更名为 bSa（buildingSMART alliance）后并入全美建筑科学院 NIBS。NIBS 同年推出酝酿已久的作为集大成者 BIM 标准：全美 BIM 标准（NBIMS），对 BIM 给出了完整定义。

由于建筑工程的复杂性，不可能建立一个完全覆盖建筑物全生命周期的应用系统，每一款工程应用软件都只是基于特定目的，支持特定阶段。而要以 BIM 为中心，实现不同工程软件的数据交互必须依赖统一的数据标准。在 AEC 领域，IFC（Industry Foundation Classes，工业基础类）架构是最为全面的面向对象的数据模型，涵盖了工程设计领域各个阶段满足全部商业需求的数据定义。IFC 标准的第一个版本于 1997 年 1 月由 IAI 组织（Industry Alliance for Interoperability，现为 BuildingSMART International）发布。此后在各方努力下，IFC 信息模型的覆盖范围与模型框架都有了很大的改进，并正式成为国际标准 ISO/PAS16739，目前最新的发布版本为 IFC2x4。IFC 作为建筑产品数据表达的标准，在横向上支持各应用系统之间的数据交换，在纵向上解决了建筑全生命周期过程中的数据管理。

然而，在实际的应用中，基于 IFC 的信息分享工具需要能够安全可靠地交互数据信息，但 IFC 标准并未定义不同的项目阶段、不同的项目角色和软件之间特定的信息需求（图 9-1），兼容 IFC 的软件解决方案的执行因缺乏特定的信息需求定义而遭遇瓶颈，软件系统无法保证交互数据的完整性与协调性。

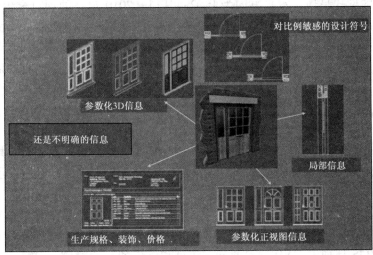

图 9-1　IFC 示意

针对这个问题的一个解决方案，就是制定一套标准，将实际的工作流程和所需交互的信息定义清晰，而这个标准就是 IDM 标准（Information delivery Manual，信息交付手册）。它的目标在于使得针对全生命周期某一特定阶段的信息需求标准化，并将需求提供给软件商，与公开的数据标准（IFC）映射，最终形成解决方案。

IDM 是用于验证 IFC 软件的信息交换框架（Information Exchange Framework）的组成部分，另外的部分是模型视图定义（Model View Definition，MVD）以及信息模型（Information Model）。交换框架始于一个已经开发并能够完全满足特定工业领域集成信息集的信息模型。在 AEC 领域，就是 IFC 模型。

视图定义（View Definition）则是基于特定目的，从 IFC 模型中派生出来。MVD 定义 IFC 数据信息如何应用于不同的应用软件间进行数据交换，从软件实现的角度，由某一软件支撑的基于 IFC 标准的信息集合，是 IFC 数据模型的子集。IDM 从用户的角度定义信息的交换需求（Exchange Requirement），描述的信息是项目指定时间和地点的基于特定目的的信息集合。信息的交换由 IDM 定义，最终由 MVD 将数据交付手册中的定义和软件中可实现的数据交换对应起来，定义软件为完成数据交付手册中的流程所需要交换的数据集合。

作为致力于推动建筑全生命周期 OPEN-BIM 的机构，BuildingSMART International（BSI）组织引领 IDM 标准的发展。2007 年，BSI 发布第一版本的 IDM 指南，由 JeffWix 撰写。指南中详细阐述了 IDM 的任务目标、组成部件及开发方法，为 IDM 的研究提供参考，并使得标准的制定规范化。之后指南进行了两次修订，最新版本是 2010 年发布的 1.2 版本，由 JanKarlshoj 编写。2010 年，一个特定版本的 buildingSMARTIDM 方法指南提交给 ISO 组织，并最终正式成为 ISO 标准，即 ISO29481-1：2010 建筑信息模型-信息交付手册-第一部分：方法与格式。可以预期的是，更多的材料将逐步添加到标准中，以使得关于交互方案的记录与描述更加清晰，同时针对各方之间的交流过程的阶段性定义更加明确。IDM 项目也随着 IDM 方法的完善与发展逐步展开。2011 年 BuildingSMART 正式发布了 IDM 发展路线图。路线图以矩阵的形式呈现，水平方向为 ISO29481-1：2010 定义的项目全生命周期的各个阶段，而 ISO 的定义采用的是英国 Salford 大学制定的通用设计与建造过程协议（Generic De-signand Construction Process Protocol）。协议将整个的项目过程划分为十个不同的项目阶段，而这十个阶段又可以归为四个大组：Pre-Project，Pre-Construction，Construction and Post-Construction。这个项目阶段定义能够与美国建筑分类体系 Omni-Class 的表 31 项目阶段分类相互映射。竖直方向为定义了十个服务类型，包含建模、性能分析、建造、运营等，它与 OmniClass 中的表 32 也能够映射。

BuildingSMART 确立了建筑全生命周期中对应的某一阶段某一服务类型共 44 项当前需要发展的 IDM 项目，其中优先项目 9 项，次优先项目 5 项，目前已有所发展的 IDM 项目约 20 项。BuildingSMART 希望以此明确建筑全生命周期中需要由 IDM 标准支持的最为重要的交流场景，促进优先项目的发展并吸引赞助商支持 IDM 标准的执行。在 MVD 领域，一项名为 BLIS（Building Lifecycle Interoperable Software）的计划一直致力于协调软件对 IFC 的执行。BLIS 计划中 MVD 项目的基本信息和进展情况通过基于 Web 的工具"IFC 方案工厂"进行描述与发布。这样，通过知识的整合提供了一个有用的平台使得分散的 IFC 交互项目更加灵活。除了 BSI 组织外，来自挪威、芬兰、丹麦、美国、韩国等多个国家的政府部门及研究机构，如美国的总务管理局（US General Services Ad－ministration），挪威公共建筑机构（Statsbygg），丹麦科技大学（Technical University of Denmark），韩国延世大学（Yonsei University）等，正独立或与 Autodesk、Bentley、Graphisoft 等各大软件商联合，在 IDM/MVD 某一个或多个课题领域展开研究。其中几个 IDM/MVD 已经在实际的建设项目进行测试，并得到认可。2012 年发布的美国国家 BIM 标准（NBIMS）第二版正式写入了 4 项 IDM/MVD 内容，即施工运营建筑信息交换（COBie）、设计到空间规划审定、设计到建筑能量分析、设计到工料预估，成为行业信息交换的推荐性标准。在研究文献中，IDM 已经应用于预制混凝土领域，同时 Eastman 教授针对 IDM 标准的执行和发展方法给出建议。JanKarlshoej 以设计施工统包项目中的招标过程为案例，评估 IDM 表达某一过程的任务序列、信息需求、组织交互以及逻辑关系四个方面的能力，验证 IDM 的协同方法能否促进过程的标准化以及 IDM 中的商业规则能否支撑作为信息载体的 BIM 对象的发展，并对基于项目的 IDM 执行给出意见。德国雷根斯堡应用技术大学将 IDM 引入岩土基建工程领域，描述流程图及交换需求。佛罗里达大学的 Nawari 针对结构工程的 IDM 进行分析。宾夕法尼亚州立大学的 BIM 执行计划（BIM Execution Planning）致力于多项 IDM 的制定，其中在暖通工程中已有一定的成果。

　　IFC 标准为实现全生命周期不同专业间的数据共享与交换奠定了基础。但在实际应用中，基于特定阶段、特定目的开发的软件在执行 IFC 标准时因缺少针对性的信息需求定义而无法保证数据的完备与协调性。因此需要 IDM 标准对过程以及信息需求进行清晰的定义。相比于 IFC 标准，IDM 标准还处于发展的初级阶段，但相关的理论与研究方法已经成熟，国外的研究机构在 IDM/MVD 领域展开了卓有成效的研究。而国内几乎没有对 IDM 标准的针对性研究。而制定 IDM 标准是一项庞大的工程，信息交换涉及项目全生命周期的各个阶段，需要在每一个领域内做出努力。另外，IDM 的发展与软件的发展相互依赖，标准的制定需要工程人员与软件人员的共同协作。最终，只有 IFC 和 IDM 标准得到完善，才能从深层次挖掘 BIM 带来的价值。

　　BuildingSMART、Omniclass、NBIMS、IFC-BIM、IFC 及专有标准关系如图 9-2 所示。

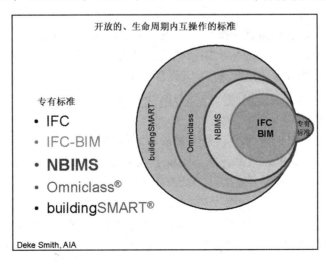

图 9-2

在行业应用 BIM 需要采用一种共同的"语言"，利用该语言界定那些补充建筑环境产业项目的对象。National Institute of BUILDING SCIENCES 和 BSI 的北美分支机构 buildingSMARTallianc 联合开发的《National BIM Standard-United States》（NBIMS）基本上提供了以下四项：

（1）数据模型或工业基础类（IFC）

IFC 标准是用于在建筑环境产业中描述、交换和共享信息的中性数据格式。IFC 是 openBIM 的国际标准，已经由国际标准化组织（ISO）注册为 ISO 16739 "建筑和设施管理产业共享数据的工业基础类（IFC）"（2013）。IFC 包括四个主要层面。利用 EXPRESS 数据规范语言定义了概念模式，并且利用该语言界定了墙、窗、管道等对象。

（2）数据字典（IFD）

IFD 是允许创造多语言字典的一种协议。它是旨在提高建筑环境领域互操作性的一种参考图书馆，也是数据标准程序的核心组成部分之一，提供了建筑环境产业所用术语的综合性多语言字典。

（3）数据处理和信息交付手册（IDM）

IDMs 针对项目交付生命周期中所有过程所需的信息制定了详细规范。这规范包括并且逐渐整合了建筑环境产业中的业务流程。IDMs 规定了项目团队各成员在全项目生命期中需要提供信息的性质和时限。为了进一步支持信息交换，IDMs 还设计了一系列模块化的模型功能。

（4）模型视图定义（MVD）

模型视图定义（MVDs）是"IFC 数据模型的子集在项目的整个生命周期中需要用于支持建筑环境产业的特定数据交换要求"，它们为一个特定子集中所用的全部 IFC 概念（类别、属性、关系、属性集、数量定义等）提供了实施指导。因此，它们代表了为了满足数据/信息交换要求而实施一个 IFC 接口的软件要求规范。

COBie（Construction Operations Building Information Exchange）标准是由美国陆军工兵单位所研发，旨在建筑物设计施工阶段就能考虑未来竣工交付营运单位时设施管理所需信息的搜集与汇总，这对建筑物建立一套营运维护阶段有效率的设施管理机制相当有帮助。COBie 称之为施工营运建筑信息交换标准，主要是要说明与定义在设计、施工到营运阶段和管理过程当中，如何更新与获取所需信息之信息交换技术、标准与流程。这些数据可以是由建筑师或工程师提供的楼层、空间或设施的布局，或是由承包商提供的设施产品序号、型号等，凡是建筑生命周期中建筑项目的各参与人皆可在各阶段输入相关资料，以供后续管理人员方便地使用。

IFC 标准成熟度如图 9-3 所示。美国国家 BIM 标准第三版的项目委员会副主席 Jeffrey W. Ouellette 先生在 2015 年北京举行的 APEC 会议上指出：美国 BIM 标准（NBIMS）第二版（共 468 页）完成了 2%，第三版（共 3100 页）完成了 5%，意即 BIM 标准的最大供应者仅完成建筑全生命期 BIM 标准工作量的 7%（图 9-4）。由于中国工程建设技术及管理特点，美国 BIM 标准直接应用于中国工程建设信息交换必然存在不少问题。因此，缺乏结合中国工程实践的 BIM 应用研究，基于 IFC 的 BIM 技术在我国应用将困难重重。

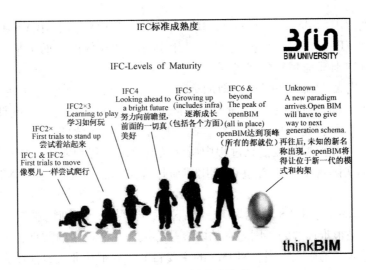

图 9-3　IFC 标准成熟度

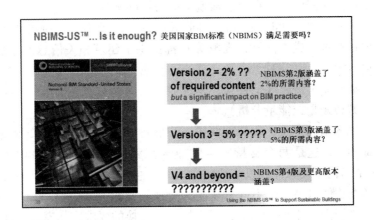

图 9-4　NBIMS 完成建筑全生命期 BIM 标准工作量

2. 对美国 BIM 标准的评价

《探索 National BIM Standard 》（2012 年）对于对美国 BIM 标准的评价：

类似于国际 buildingSMART 组织，美国的 buildingSMART 联盟旨在促进开放的协同能力和 BIM 在美国建筑全生命期的实现。虽然它的主要任务是对 NBIMS-US 标准的发展和推广，但也还有其他一些相关任务，如促进其上级组织 buildingSMART 组织的活动，在一般情况下获得对于美国房地产行业先进数字技术的必要技术、政治、经济支持。它还负责继续美国国家 CAD 标准 NCS 的开发，CAD 在其完全被 BIM 取代之前仍将在我们行业中需要。

NBIMS 和 IFC：

虽然 IFC 文件格式用于 BIM 软件之间的数据交互，但这并不排除有一个标准的方式来定义建筑要素和指定其表现形式。简而言之，这就是 IFC 标准和 NBIMS 之间的区别。IFC 是很多年前开始的，而 NBIMS 是最近才有的，这也就是为什么 IFC 比此时 NBIMS 更加成熟、更加著名的原因。另一点不同的是，IFC 的开发早于 BIM，而 NBIMS 则是专门围绕着 BIM 开发。当然，IFC 在之后也进行了修改，用于获取 BIM 数据（而不是 CAD 数据）。而现在，这两个标准则都是 BIM 的代名词。

因此，IFC 代表"螺母和螺栓"似的 AEC（即建筑师、工程师、承包商）软件之间的协同数据交互，而 NBIMS 更关心的是在建筑全生命期内由业主、设计师、工程师、原型商、评估商、承包商、分包商、制造商、标准官员、运营商、改造商、拆迁商等在获取、组织、分配和挖掘建筑信息过程中所涉及的许多过程和业务。IFC 在由 NBIMS 执行的数据表达的实际规定上起着重要作用，所以在某种意义上，它是 NBIMS 的一个重要的子集。

由上可知 NBIMS 与 IFC 标准的联系。接下来，让我们更仔细地看看它所包含的具体内容。这实际上是很难理解的，因为它的内容是分散在几个不同的文件，而且没有一个简明的概述。我能从我的研究发现，NBIMS 的主要目的是规范从业人员使用方式，能够更容易地将信息从建设过程中的一个阶段传递到下一个阶段。同时，按这种方式已经收集或添加的所有相关信息，还需要一个在全生命期内的可访问格式。

根据 2008 年 12 月的 NBIMS 宪章，不同 AEC 方面用于不同任务的不同软件（例如，设计、工程、项目管理、成本估算、规范等）都提供了建筑相关信息的不同强度的编辑、处理、显示、提取集合，以及对于决策支持的不同能力。NBIMS 标准的目标就是使这些不同的软件相互连接，无论该软件是否互补建筑信息活动（如结构工程），或是上游和下游信息的软件（如城市规划或能量分析）。

NBIMS 中有些术语和定义，我们需要进一步熟悉、理解。首先是交换要求（ER，Exchange Requirement），这是两个支持特定的业务流程的 AEC 软件之间的一个"简约交流"。例如，一个结构工程软件，只需要包含所有信息的 BIM 建筑模型中的一个特定的集合，一个代码检查软件需要一个不同的子集，等等。这就要求 AEC 软件能够将其所包含的数据在不同的"视图"中展示出来，以支持不同交换的要求，如有必要还能使一个特定的数据块出现在多个视图。

例如，一个门要素需要在代码检查视图以及空间规划视图，而不是一个结构视图的一部分。这些不同的视图，在技术上被称为模型视图的定义（MDVS）。而 MVD 是一个开放的交换文件格式（就像 IFC 格式一样），这就是 NBIMS 的 ER。需要不同的 ER 说明的业务流程，也已由 NBIMS 定义好，并确保对于它所需要支持的接收软件之间的数据交换具有正确的信息。

NBIMS-US 标准的 2 版于 AIA 2012 公约上发布。该标准的开发是由一个委员会进行监督，并以达成共识为基础，这就意味着在开发过程中，任何人都可以提交提案，标准 NBIMS-US 项目委员会的所有成员也都可以针对提案进行评论和表决。经批准的提案分为三大类：参考标准、信息交互标准（这是建立参考标准）和实践指南。值得注意的是，目前的 NBIMS-US 标准旨在为世界各地其他几个国家，包括英国、爱尔兰、加拿大、韩国、澳大利亚和新西兰，提供一个起点作为该国自己的标准。每个国家都将根据需要在此基础上增加更多的内容，并将其更新回过头来与美国分享。

毫无疑问，标准在任何领域都是非常重要的。尽管我们已经有了 IFC、ifcxml、agcxml、CIS/2、Cobie、omniclass，但显然 NBIMS 与它们都不同。它希望能够像 NCS 对于

CAD 的作用一样，对 BIM 系统起到类似作用，确保 BIM 在行业内以一个开放的、非专有的方式进行。然而，这种方式仍在一个新兴阶段，并没有像 IFC 那样深入人心。鉴于目前缺乏有用的、明确的详细信息，我认为将会有一部分专业人士会对它感兴趣，但不会太多。所以我会鼓励 NBIMS-US 项目委员会在进一步开发标准的同时，关注这一任务（推广）。

这个行业需要看到一些使用 NBIMS 的具体例子。目前，它太模糊，只有学者才会不厌其烦地深入钻研它的文档理解它。

3. 我国 IFC-BIM 之路

我们与国外软件公司开展了大量战略合作。

2007 年 2 月 15 日，首钢设计院与美国 BENTLEY 工程软件有限公司三维工厂设计战略合作签约仪式在北京饭店举行。

2009 年 1 月 13 日，中国电力规划设计协会与欧特克公司（Autodesk，Inc.）在京签署合作备忘录。

2009 年 2 月 13 日消息，二维、三维数字设计软件公司欧特克公司与中国勘察设计协会（中设协）在京签署合作意向书，宣布双方将携手推动行业三维协同勘察设计能力，进一步深化建筑信息模型（BIM）在行业中的应用。

2009 年 11 月，教育部与美国欧特克有限公司在京签署《教育部与美国欧特克有限公司支持中国工程技术教育创新的合作备忘录》。

2009 年，新华网广州 11 月 18 日电（记者毛一竹　黄玫）从事软件设计的欧特克有限公司 18 日与广东省经济和信息化委员会签署《战略合作备忘录》。

2009 年 12 月 23 日，中国水利水电勘测设计协会与美国 Bentley 公司在北京签署战略合作框架协议，共同推进行业三维协同设计应用技术发展。

2010 年 5 月 19 日，上海中心大厦建设发展有限公司（"上海中心"）与全球二维和三维设计、工程与娱乐软件的领导者欧特克有限公司（"欧特克"或"Autodesk"）于上海举行了"工程信息化的实践与探讨"主题论坛暨战略合作签约仪式。

2012 年 4 月 16 日，上海现代设计集团与全球二维和三维设计、工程及娱乐软件的领导者欧特克（Autodesk）公司签署战略合作协议。

2012 年 7 月 16 日，中国建筑行业软件的龙头企业建研科技股份有限公司（"建研科技"或"CABRTECH"）与全球二维和三维设计、工程及娱乐软件的领导者欧特克有限公司（"欧特克"或"Autodesk"）在京签署战略合作备忘录。

2012 年 8 月 8 日，建研科技股份有限公司（建研科技）和 Bentley 软件公司举办两家公司合作的战略合作备忘录，标志着两家公司将建立长期合作伙伴关系，共同推进建筑信息模型（BIM）软件在中国的数据互用。

2012 年 09 月 11 日，北京市建筑设计研究院有限公司（"北京院"或"BIAD"）与欧特克公司（或 Autodesk），在北京共同签署了战略合作备忘录。

2012 年 12 月 14 日，欧特克（Autodesk）与中建国际（深圳）设计顾问有限公司（CCDI）在沪签署战略合作备忘录。

2012 年 12 月 27 日，全球二维和三维设计、工程及娱乐软件的领导者欧特克有限公司（"欧特克"或"Autodesk"）与筑博设计股份有限公司（"筑博设计"）签署了战略合作备忘录。

2013 年 4 月 17 日，二维和三维设计、工程及娱乐软件厂商欧特克与中国建筑设计研究院（"CAG"）达成战略合作，共同推动 BIM 技术在中国建筑建设领域的应用发展与进步。

2013 年 5 月 23 日上午，中国建筑标准设计研究院（以下简称"标准院"）与 Bentley 软件公司（以下简称"Bentley"）关于"标准院—Bentley 战略合作备忘录签约仪式"在标准院三层多功能厅隆重举行。

2013 年 7 月 26 日，建谊集团与 Bentley 软件（北京）有限公司，在北京国际大厦正式签署战略合作备忘录。2013 年 12 月 17 日，Bentley 软件（北京）有限公司与国内知名建筑投资企业北京建谊投资发展（集团）有限公司近日签订中国商务区 BIM 方案合作意向书，共同推进中国智慧商务区的建设。

2013 年 7 月 29 日，河南省水利勘察设计研究院有限公司与 Bentley 软件（北京）有限公司签署三维协同设计战略合作协议，正式建立战略合作伙伴关系。

……。

我们完成了大量研究项目（图 9-5，图 9-6）。

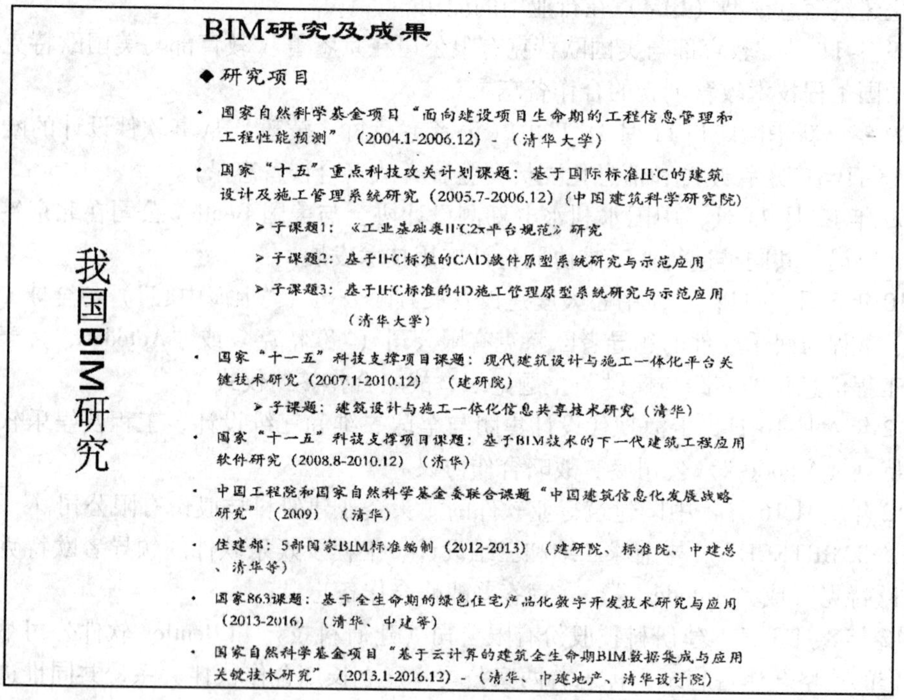

图 9-5

我们购买了大量国外 BIM 软件，并花了巨额培训费。我们举办了各种 BIM 竞赛、BIM 考试、BIM 会议，政府主管部门下发推广文件……

正如《NBIMS》所言：目前没有可以支持建设行业全部范围内工作的软件应用程序，

可能永远也不会有。随着 BIM 的使用逐步扩大，NBIMS 委员会希望通过 NBIM 标准创造一种能力：各方都能选到最适合自己要求，深信能够自由地与他方协作并高效地交换数据的软件。即使《NBIMS》在中国是完全可用，其第二及第三版也只完成 7% 的内容。我们在 IFC-BIM 的道路上也已经做了很多，但离此目标还有很大距离，我们还可以继续……，但也应该认真思考为什么我们在 BIM 的发展道路上会如此困难？

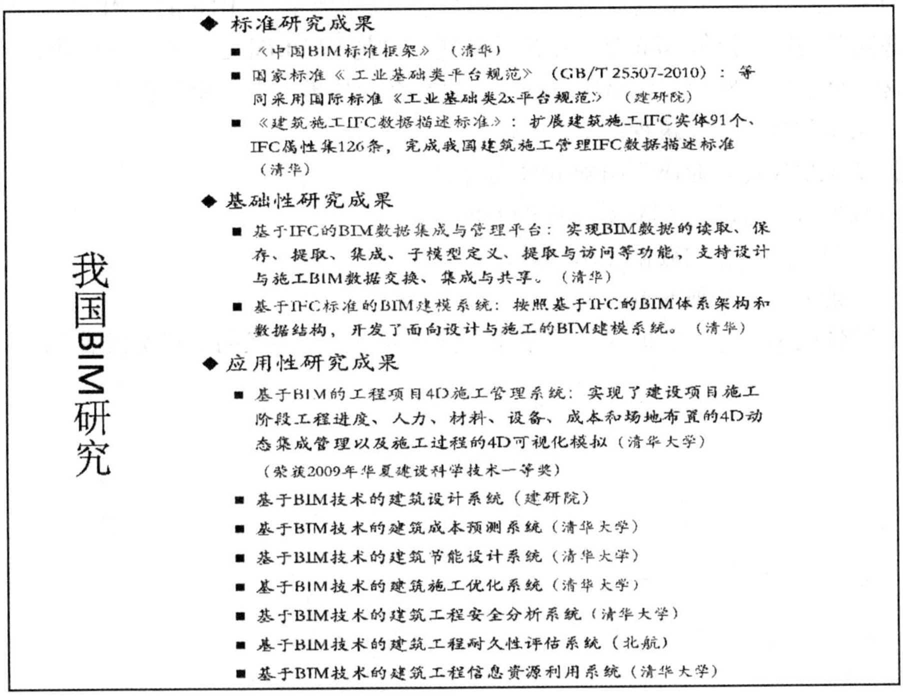

图 9-6

4. IFC-BIM 的发展瓶颈

英国《国际 BIM 实施指南》中指出：在 BIM 采用中仍然存在以下需要解决的问题：

（1）心态问题：实施 BIM 需要全体利益方改变流程和做法。阻碍迎接变革的首要问题是对变革的抵触、地盘问题和踌躇不前，这些是一部分常见的心态障碍，导致 BIM 采用速度缓慢。

（2）项目交付网络问题：并非所有的项目交付网络都欢迎 BIM。即使在客户和设计师都愿意采用 BIM 的完美情形中，由于缺乏愿意使用 BIM 的专业咨询顾问，也使得 BIM 实施困难重重。

（3）技术阻碍：尽管软件供应商愿意在其提供的工具中实现无缝集成和互操作性，但仍然存在部分需要解决的技术问题。在专业咨询顾问、承包商和供应商软件相容性的情况中，这个问题显得尤为突出。这些项目团队成员使用的专业软件仍然不具有相容性和互操作性，因此，也割裂了 BIM 工作流。

（4）技术人力资源的可获取性：缺乏 BIM 精英人员仍然是阻碍 BIM 被采用的最大困

难之一。

（5）高昂的软硬件成本：阻止采用 BIM 的一个障碍就是软硬件的感知价格，尤其是在中小型企业眼中的感知价格。培训成本以及由于雇员培训计划导致工作中断发生的费用使各组织机构在采用 BIM 之前不得不再三考量。

（6）法律和商业阻碍：与合同、包含在模型中的信息所有权、费用安排、交付物以及保险等相关的问题仍然未得到业内参与者充分了解。这阻碍了 BIM 的采用。

这些问题是历年推行 BIM 难以解决的问题，也是 IFC-BIM 必然存在的问题，其根本原因在于这些年来伴随推行 IFC-BIM 过程中一直存在的技术与发展瓶颈：

（1）技术误区：将建筑视为单一产品；

（2）认识模糊：行业还不明确 BIM 是什么；

（3）数据盲点：缺乏 BIM 数据库的外模式；

（4）实施难点：软件数据互用能力；

（5）营销策略：孤独的 BIM；

（6）软件技术：静止的面向对象软件开发技术与活跃多变的工程实践活动的矛盾。

第十章　P-BIM

如何超越以上 IFC-BIM 发展瓶颈已成为我国 BIM 技术发展的重点问题，我们已经从理论上证明了 BIM 的正确性，那么我们需要找寻 BIM 实施方法是否正确（图10-1）。我们已经为国外软件开发商 BIM 做了许多，我们还可以为国外软件开发商 BIM 做更多推广研究，无偿补"族"；但我们不能排除发展中国建筑业需要的 BIM，另辟蹊径，弯道超车（图10-2～图10-7）。

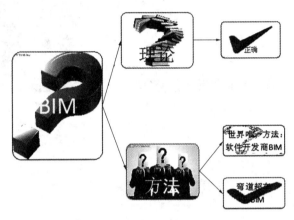

图 10-1　BIM 实施方法

1. BIM 实施方法论

从图10-2所列六个方面研究中国 BIM 落地方式。

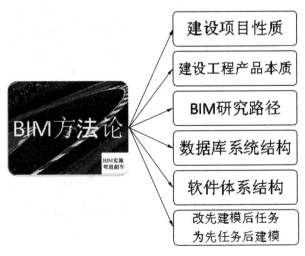

图 10-2　BIM 研究方法

（1）建设项目性质（图10-3）

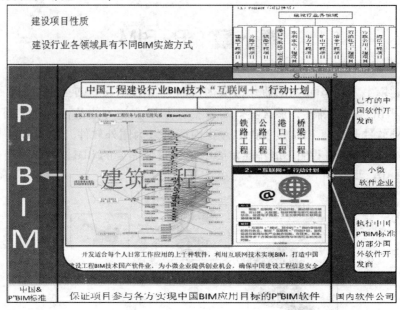

图 10-3

（2）建设工程产品本质（图10-4）

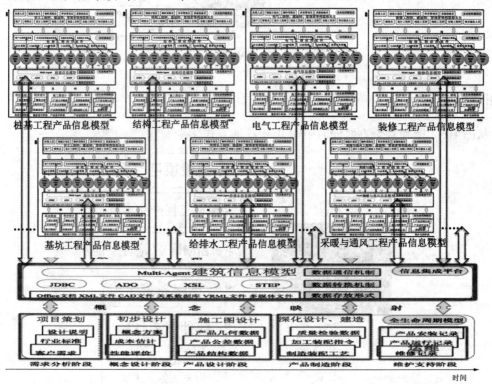

图 10-4

(3) BIM 研究路径（图 10-5）

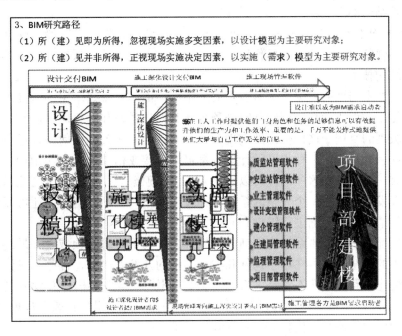

图 10-5

(4) 数据库系统结构（图 10-6）

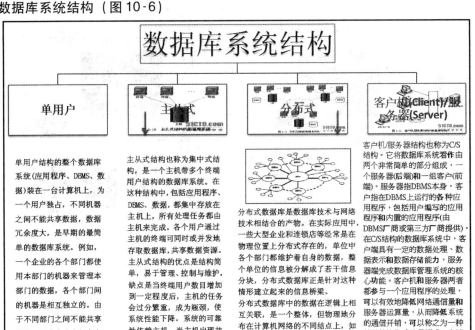

图 10-6

（5）**软件体系结构**

软件体系结构的形成：

20世纪90年代后，软件开发技术进入了基于构件的软件开发阶段。软件开发的目标是软件具备很强的自适应性、互操作性、可扩展性和可复用性，软件开发强调采用构件化技术和体系结构技术。

软件构件技术与面向对象技术有着重要的不同，面向对象技术中的软件复用主要是源代码形式的复用，设计者在复用软件时必须理解其设计思路和编程风格。软件构件技术实现了二进制级别的复用。这样构件的实现完全与实现语言无关。任何一种过程化语言均可用来开发构件，并且任何一种程序设计语言都可以直接或稍作修改后使用构件技术。一个软件被切分成一些构件，这些构件可以单独开发、单独编译、单独调试与测试。当完成了所有构件的开发后组合成一个完整的系统。在投入使用后，不同的构件还可以在不影响系统其他部分的情况下，分别进行维护和升级。

在这种情况下，软件体系结构逐渐成为软件工程的重要研究领域，并最终作为一门学科得到了业界的普遍认可。在基于构件和体系结构的开发方法下，程序开发模式也相应地发生了根本变化。软件开发不再是"算法＋数据机构"，而是"构件开发＋基于体系机构的构件组装"。软件体系结构作为开发文档和中间产品，开始出现在软件过程中。

以基于构件的软件开发代替面向对象开发技术。

（6）**改先建模后任务为先任务后建模（图10-7）**

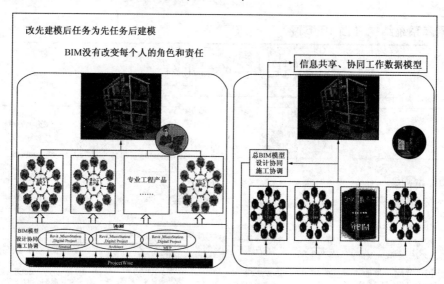

图10-7

2. P-BIM

P-BIM是基于工程实践的建筑信息模型（BIM）实施方式（Engineering practice-based BIM implementation），其基本概念如图10-8所示。

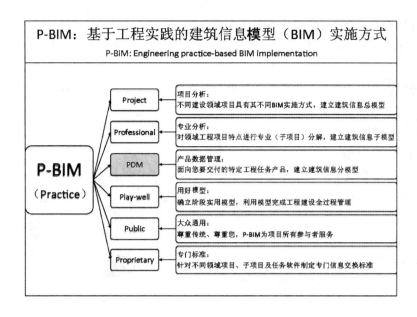

图 10-8　P-BIM 基本概念图

(1) 项目（Project）分析

　　住房和城乡建设部关于印发《建筑业企业资质标准》的通知（建市［2014］159 号）中规定，施工总承包序列设有 12 个类别，分别是：建筑工程施工总承包、公路工程施工总承包、铁路工程施工总承包、港口与航道工程施工总承包、水利水电工程施工总承包、电力工程施工总承包、矿山工程施工总承包、冶金工程施工总承包、石油化工工程施工总承包、市政公用工程施工总承包、通信工程施工总承包、机电工程施工总承包。这些不同领域（序列）的工程建设项目具有不同的 BIM 实施方式（图 10-9）。

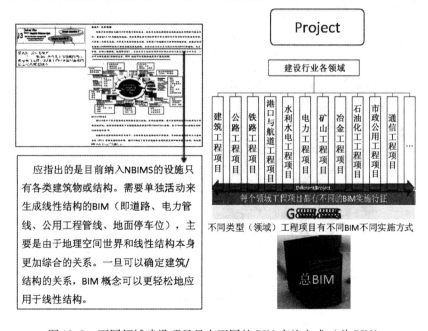

图 10-9　不同领域建设项目具有不同的 BIM 实施方式（总 BIM）

（2） 专业 （Professional） 分析

为便于数据的存储和调用，依据专业、工序、工作面分析，项目 BIM 可以分解为项目分 BIM （图 10-10）。

（3） 产品数据管理 （PDM）

建筑信息模型的理论基础主要源于制造行业 CAD、CAM 于一体的计算机基础制造系统 CIMS （Computer Integrated Manufacturing System） 理念和基于产品数据管理 PDM 与 SETP 标准的产品信息模型。在工厂设计、工业设计领域，PDS、PDMS、SmartPlant3D 等早在 20 世纪 90 年代已经很成熟，是完整的模型+信息，而且都是有强大数据库支撑的。就 AEC 领域，BIM 的概念并不是 Autodesk 的独创，ArchiCAD 的 BIM 应用要早于 Revit 诞生 3 ~ 5 年；MagiCAD 基于 AutoCAD 平台开发的基于 BIM 概念的软件更早于 Revit 诞生 5 年。

基于建设工程是由多产品组合系统的概念，如建筑工程由地基、结构、水、暖、电、装修等产品组合而成，每个产品有其独立的设计、施工、管理及维护方式，因此，建设工程的每个产品 （分 BIM） 的全生命期过程可以借鉴较为成熟的 PDM （产品设计管理） 方法 （图 10-11）。

项目可以根据专业类别、施工工序或工作面确定分项目，便于数据获取和存储

图 10-10　项目总 BIM 分解为子 BIM

图 10-11　建设工程产品分 BIM 与 PDM

（4）用好模型（Play‐well）

按照 PDM 的产品设计、工艺设计、生产制造、服务维护四个阶段数据管理，建筑工程产品也可相应分为四个模型，即设计（交底）模型、合约（深化设计）模型、竣工（实施）模型（图 10‐12），从这四个模型中提取的数据将服务于业主、设计、施工、监理、政府等项目参与各方的管理决策。

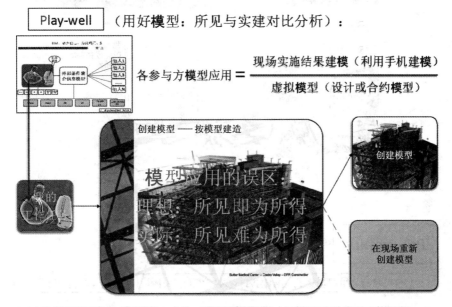

图 10‐12

（5）大众应用（Public）

开发项目全生命期全部参与者，包括现场工人在内的适用软件与信息交换技术，充分利用互联网平台，使 BIM 为大众服务（图 10‐13）。互联网具有以下优点：

1）便捷。互联网的信息传递和获取比传统方式快了很多也更加丰富了，可以实时传递信息。

2）表达（参与）。互联网让人们表达、表现自己成为可能。每个人都有表达自己的愿望，都有参与到一件事情的创建过程中的愿望。

互联网思维就是由众多点相互连接起来的，非平面、立体化的，无中心、无边缘的网状结构。互联网以用户体验为中心，真正找到用户的普遍需求，让客户参与，为客户创造价值。实现大众使用 BIM。

（6）专门标准（Proprietary）

BIM 技术难点在于实现软件数据互用，只有实现建设工程各领域中的建模及应用软件数据互用才能实现"社会性 BIM"，实现住建部所提出的 BIM 发展目标，没有专门信息交换实施标准就无法实现信息共享，为 P‐BIM 系列软件制定专门标准是实施 P‐BIM 的重要部分（图 10‐14）。

图 10-13　大众应用 BIM

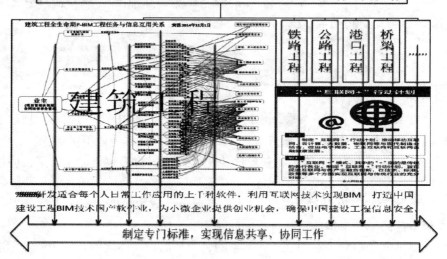

图 10-14　P-BIM 信息交换实施专门标准

(7) P-BIM 提高工作效率和投资回报率

P-BIM 尊重设计人员工作习惯与工具、尊重施工专业分工、尊重政府管理流程、尊重工程技术和管理人员多年积累的管理经验、尊重传统、大众参与，逐步改变落后的传统，P-BIM 使"BIM 技术"成为项目参与各方喜闻乐见的提高效率和质量的附加工具，P-BIM 提高工作效率和投资回报率如图 10-15 所示。

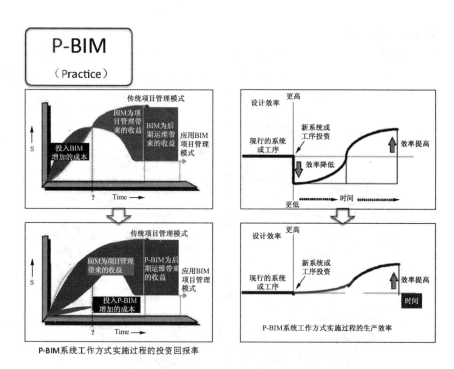

图 10-15　P-BIM 提高工作效率和投资回报率

3. P-BIM 观点

(1) BIM 为应用软件服务

全生命期的 BIM 即 BIM 数据为全生命期利益相关方提供决策依据，全生命期的岗位（角色）配有相应软件。因此，BIM 为全生命期所有岗位使用的软件服务，如图 10-16 所示。

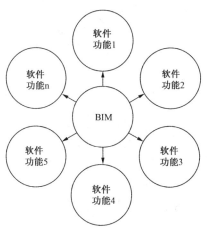

图 10-16　BIM 为软件服务

全生命期的应用软件总数为 n 时，每个软件功能即为各岗位所需，BIM 就实现了全生命期为决策提供依据的功能。

（2） BIM 从应用软件而来

BIM 由谁来创建是实施 BIM 的难题，P-BIM 所有软件均为业务所设，为工作所需。P-BIM 应用软件产生的数据库的外模式为其他应用软件所需，信息交换需求是从需要由待执行的软件业务进程来进行准备的（图 10-17），这就产生了 BIM。

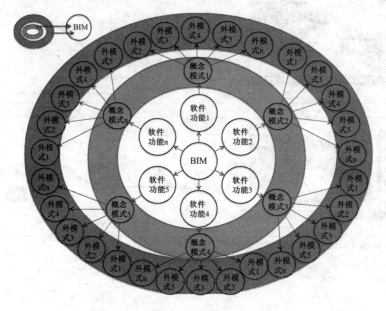

图 10-17　BIM 从应用软件而得

（3） P-BIM 数据流

图 10-18 为 P-BIM 数据流动方式，纵向数据流为各专业传统工作方式的数据流动，横向为各专业共享信息、协同工作需要集成的数据流动方式。BIM 数据由总 BIM、分 BIM 及众多子 BIM 组成，使 BIM 数据便于应用。

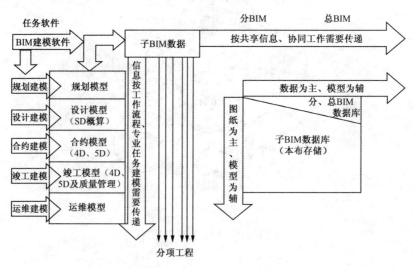

图 10-18

(4) P-BIM 建模方式

图 10-19、图 10-20 是 P-BIM 与 IFC-BIM 的建模方式比较，IFC-BIM 以模型为王，先创建模型后交付成果；P-BIM 以任务为王，先有交付成果后建模型。

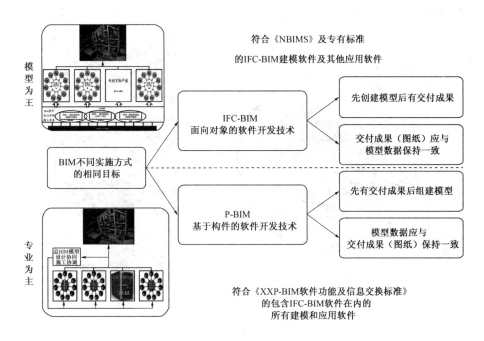

图 10-19

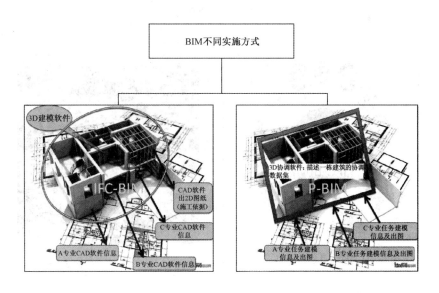

图 10-20

(5) 我的数据自己存

图 10-21 为 IFC-BIM 和 P-BIM 数据的不同存储方式，个人专业任务可以不关心 BIM

大数据。我只要专业相关的有限数据,专业任务数据与小数据库有关,因此,我的相关数据可以自己储存。

图 10-22 为 IFC-BIM 和 P-BIM 的信息不同交换方式示意图,IFC-BIM 是所有项目参与者与同一数据库交换数据,P-BIM 则是项目参与者只与自己相关的数据库交换数据。

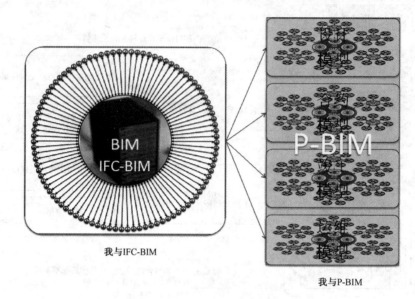

图 10-21

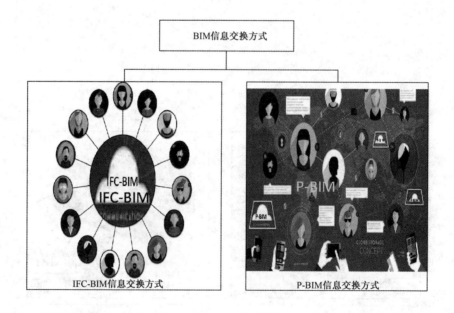

图 10-22

(6) 我的应用软件需要 BIM 标准

我从 BIM 中获取数据以及输送数据给别人都需要 BIM 标准(图 10-23)。

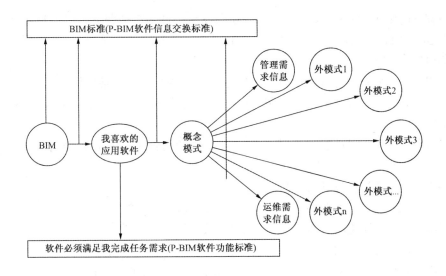

我喜欢的应用软件需求：P-BIM软件功能及信息交换标准，成为P-BIM软件

图 10-23

4. 用 MBS 方法实施 P-BIM

模型分解结构（Model Breakdown Structure，MBS）是 P-BIM 实施的重要工作方法，其与工作分解结构（Work Breakdown Structure，WBS）相对应，MBS 的基本定义：

以可独立交付成果信息为导向对项目建筑信息模型要素进行分组，它归纳和定义了从项目单一建筑信息模型的主从式数据库结构系统改变为分布式数据库结构系统的每一层级完成项目建筑信息模型工作的更详细定义（图 10-24）。

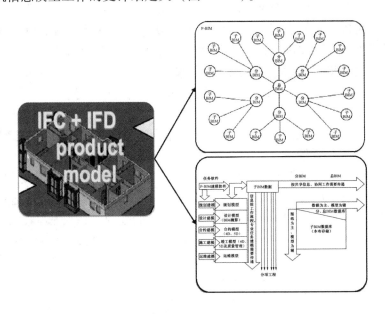

图 10-24　MBS 图

MBS 是一个描述 P-BIM 实施思路的规划和设计工具。它帮助项目经理和项目团队确定和有效地进行项目信息管理工作，实施 P-BIM。

（1）MBS 的主要功能

1）MBS 是一个清晰地表示项目各工作之间信息相互联系的结构设计工具。

2）MBS 是一个展现项目信息全貌，详细说明为完成项目信息建设所必须完成的各项工作信息的计划工具。

3）MBS 定义了项目信息里程碑事件，可以向高级管理层和客户报告项目完成信息，作为项目状况的信息报告工具。

4）MBS 防止遗漏项目的可交付成果信息。

5）MBS 帮助项目经理关注项目信息目标和澄清信息职责。

6）MBS 建立可视化的项目可交付成果信息，以便估算工作量和分配工作。

7）MBS 提供信息帮助改进时间、成本和资源估计的准确度。

8）MBS 帮助项目团队的信息系统建设和获得项目人员的信息提供承诺。

9）MBS 为信息绩效测量和项目信息控制定义一个基准。

10）MBS 辅助信息沟通清晰、流畅的工作责任。

MBS 不仅可以编制项目 P-BIM 实施，也可以帮助企业编制《企业工程信息交换实施指南》的主编和各工作组负责人有效开展工作。

（2）MBS 概念及构成因子

模型（Model）——可以产生有形结果的工作任务数据库；

分解（Breakdown）——是一种逐步细分和分类的模型层级；

结构（Structure）——按照一定的模式组织各部分模型。

根据这些概念，MBS 有相应的构成因子与其对应：

1）结构化编码（各阶段的 MBS 节点编码）

编码是最显著和最关键的 MBS 构成因子，首先编码用于将 MBS 彻底的结构化。通过编码体系，我们可以很容易识别 MBS 元素的层级关系、分组类别和特性。并且由于近代计算机技术的发展，编码实际上使 MBS 信息与组织结构信息、成本数据、进度数据、合同信息、产品数据、报告信息等紧密地联系起来。

2）子模型

子模型（Sub model）是 MBS 的最底层元素，一般的子模型是最小的"可交付成果信息"，这些可交付成果信息很容易识别出完成它的活动、成本和组织以及资源信息。例如：管道安装子模型可能含有管道支架制作和安装、管道连接与安装、严密性检验等几项活动；包含运输/焊接/管道制作人工费用、管道/金属附件材料费等成本；过程中产生的报告/检验结果等文档；以及被分配的工班组等责任包干信息等。正是上述这些组织/成本/进度/绩效信息使子模型乃至 MBS 成为项目 BIM 实施的基础。基于上述观点，一个用于项目建筑信息模型的 MBS 必须被分解到子模型层次才能够使其成为一个有效的信息管理工具。

3）MBS 元素（各阶段的 MBS 节点）

MBS 元素实际上就是 MBS 结构上的一个个"节点"，通俗的理解就是"组织机构图"上的一个个"方框"，这些方框代表了独立的、具有隶属关系/汇总关系的"可交付成果信息"。MBS 结构必须与实施项目所要达到的期望结果，即项目所能交付的成果或服务信息有关，必须面向最终产品或可交付成果信息的，因此 MBS 元素更适于描述输出产品信息的名词组成。其中的道理很明显，不同组织、文化等为完成同一工作所使用的方法、程序和资源不同，但是他们的结果必须相同，必须满足规定的要求。只有抓住最核心的可交付结果信息才能最有效地控制和管理项目。另一方面，只有识别出可交付结果信息才能识别内部/外部组织完成此工作所使用的方法、程序和资源。

各阶段的 MBS 节点（图 10-25）：各阶段（规划、设计、合约、竣工、运维）的总BIM、分 BIM、子 BIM 及各企业管理信息。

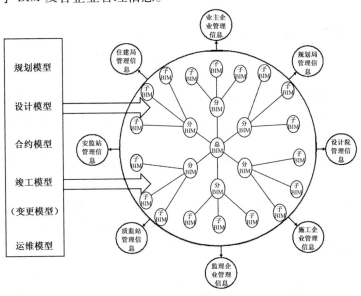

图 10-25　各阶段的 MBS 节点

4）MBS 字典

管理的规范化、标准化一直是众多公司追求的目标，MBS 字典就是这样一种工具。它用于描述和定义 MBS 元素中的工作文档。字典相当于对某一 MBS 元素的规范，即 MBS 元素必须包含的工作信息以及工作软件功能的详细描述；工作成果信息的描述和相应规范标准；元素上下级关系以及元素成果输入输出信息关系等。同时 MBS 字典对于清晰的定义项目信息范围也有着巨大的规范作用，它使得 MBS 易于理解和被组织以外的参与者（BIM 利益相关方）接受。

（3）创建 MBS 方法及基本要求

创建 MBS 是将复杂项目单一建筑信息模型可交付成果和项目工作内容分解成较小的，更易于管理的组成部分的过程。单一项目建筑信息模型可分解为一系列明确定义的各阶段（规划、设计、合约、竣工、运维）总 BIM、分 BIM、子 BIM 三个层级，并在此基础上创建项目相关方企业管理信息。

MBS 的创建可采用自上而下的方法。从项目建筑信息模型数据库的目标开始，分阶段逐级将其分解为项目总 BIM、分 BIM 及子 BIM 数据库，直到所有参与者满意地认为自己的工作及数据需求已经充分地得到定义。创建 MBS 基本要求如下：

1）某项任务信息应该在 MBS 中的一个地方且只应该在 MBS 中的一个地方出现。

2）MBS 中某节点模型的内容是其下所有 MBS 节点模型的总和。

3）一个 MBS 节点只能由一个人负责，即使许多人都可能在其上工作，也只能由一个人负责，其他人只能是参与者。

4）MBS 节点必须与实际工作中的执行方式一致，如在设计阶段，MBS 节点模型必须结合现有工作软件功能确定。

5）应让项目团队成员全部参与创建、讨论 MBS，以确保 MBS 的一致性。

6）每个 MBS 节点都必须文档化，以确保准确理解已包括和未包括的信息工作范围。

（4）创建 MBS 过程

创建 MBS 的过程非常重要，因为在项目单一建筑信息模型分解过程中，"项目经理、项目成员和所有参与项目者"都必须考虑项目建筑信息模型分解工作的所有方面。创建 MBS 的过程是：

1）得到范围说明书（ScopeStatement）或模型说明书（Statementof Model）。

2）召集有关人员，集体讨论所有 BIM 工作，确定项目 BIM 工作分解的方式。

3）分解项目 BIM 工作。如果有现成的模板，应该尽量利用。

4）画出 MBS 的层次结构图，即对应图 10-25 的总 BIM、分 BIM、子 BIM 及管理信息名称。

5）将项目 BIM 可交付成果信息细分为更小的、易于管理的组（总 BIM、分 BIM 及子 BIM），必须详细到可以包含进行估算（成本和历时）、安排进度、做出预算、分配负责人员或组织单位（图 10-26（a）中的"人"即对应软件功能）。

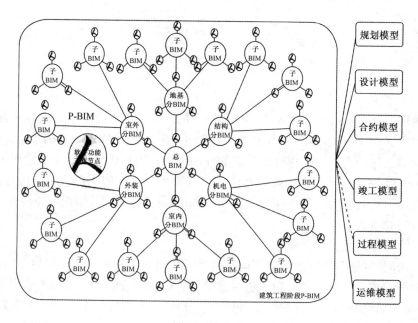

图 10-26（a）

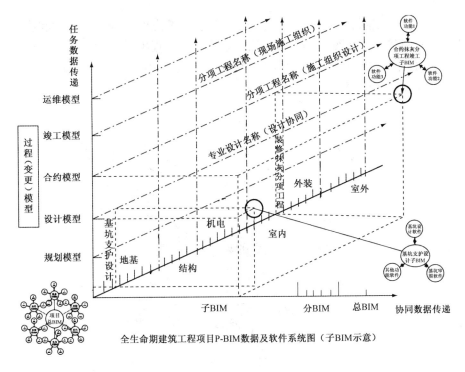

全生命期建筑工程项目P-BIM数据及软件系统图（子BIM示意）

图 10-26 （b）

6）验证上述分解的正确性。

7）建立一个编号系统。

8）随着其他分 BIM 中子 BIM 分解工作的进行，不断地对 MBS 更新或修正，直到覆盖所有工作。

(5) 检验 MBS

检验 MBS 是否定义完全、项目 BIM 的所有数据是否都被完全分解，主要依据以下标准：

1）各阶段的 MBS 节点的状态和完成情况是可以量化的。

2）明确定义了各阶段的 MBS 节点的开始和结束。

3）各阶段的 MBS 节点都有一个可交付成果信息。

4）各阶段的 MBS 节点是独立的。

5）各阶段的 MBS 节点及其建模与应用软件是能被描述的。

对各阶段的 MBS 节点需要建立 MBS 词典（MBS Dictionary）来描述各个工作部分。对于图 10-25 的各阶段的 MBS 节点，应包括有关 MBS 节点信息成果、任务软件功能及 MBS 节点间（图 10-27）的必要信息关联关系描述。

实施 P-BIM 的 MBS 方法流程为：首先确定图 10-25 的各阶段 MBS 节点，其次确定图 10-26 各阶段 MBS 节点周边建模和应用软件功能，再确定图 10-27 各 "企业" 的 "管理信息" 及周边建模和应用软件功能；定义各阶段 MBS 节点数据库成果、节点建模和应用软件功能名称、工作范围及信息关联关系；确定各阶段 MBS 节点信息关联关系。

MBS 是项目 P-BIM 实施的指导工具。它建立在现代项目管理知识体系、管理实践及创新成果之上，是一种以项目的组织管控方法指导项目各节点的目标信息创建和应用，实现项目全生命期信息管理的系统应用分析方法。它通过在工程项目的管理过程中推行信息模式化组织、标准化管控的方法，统筹协同项目的质量、工期、成本等目标，提升管理效率，实现项目全生命期 BIM 实施。

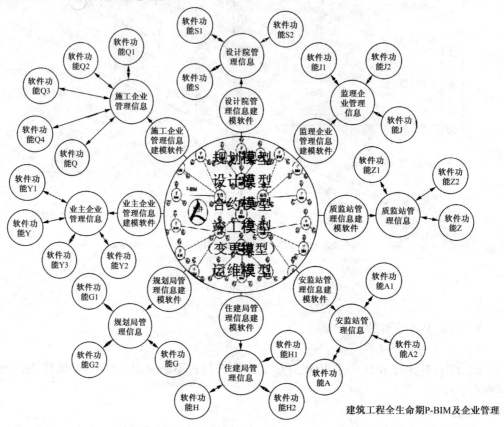

建筑工程全生命期P-BIM及企业管理

图 10-27

第十一章　建筑工程 P-BIM

P-BIM 是区别于 IFC-BIM 的另一条实施 BIM 道路，它是基于工程实践的 BIM 实施方式，对于不同的工程性质需要不同的总体设计。根据建筑工程特性，P-BIM 的六 P 对应分析如下：

1. 根据建筑工程项目（Project）性质确定 BIM 实施计划

建筑工程项目全生命期任务如图 11-1 所示。

建筑工程全生命期P-BIM工程任务与信息互用关系

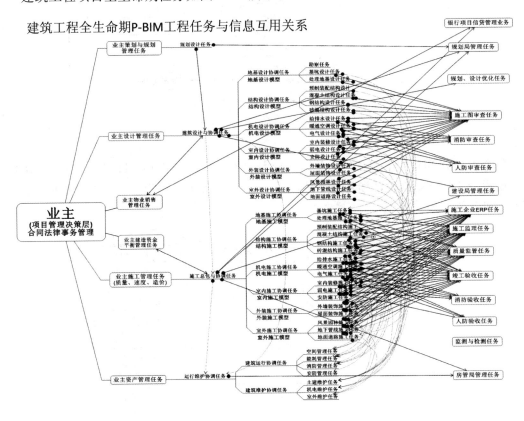

图 11-1

2. 根据专业（Professional）分析确定项目分 BIM 及子 BIM

根据专业（Professional）分析，施工工序及工作面分割，建筑工程项目可以分为地基、结构、机电、室内、外装、室外 6 个项目分 BIM（图 11-2），前 3 个项目分 BIM 是以工序为依据划分、后 3 个项目分 BIM 以工作面为依据划分，6 个项目分 BIM 的信息关联度较小。

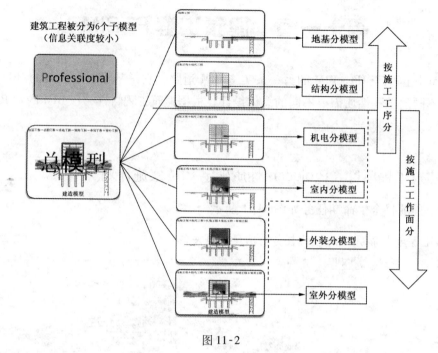

图 11-2

每个项目分 BIM 之下包含信息关联度较大的各专业子 BIM（图 11-3），如地基分 BIM 设计阶段分为地基基础设计和基坑支护设计、地基分 BIM 施工阶段的基坑围护墙、锚杆、降水、桩基施工等。

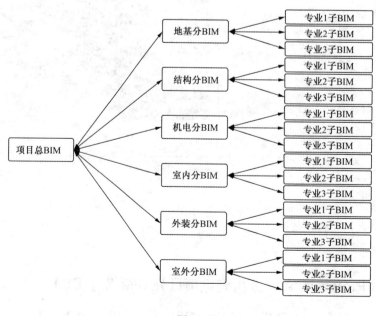

图 11-3

3. 根据 PDM 方法确定项目子 BIM 阶段模型

建筑工程由多专业工程产品组成，适合 PDM 管理办法，建筑工程专业工程产品全生命期过程模型如图 11-4 所示。

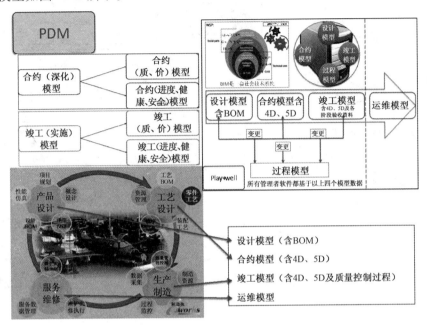

图 11-4

（1）设计（交底）模型

设计模型是设计院交付施工单位的技术依据，也是业主施工招投标的重要文件，"设计（交底）模型"是设计阶段的重要成果。设计模型是项目技术与造价的重要依据。

设计模型是建筑、结构、水暖电工程师信息共享、协同工作创建的设计阶段成果，类似于 PDM（图 11-4）的"产品设计"。

（2）合约（施工组织设计）模型

合约模型是施工企业的投标文件，包含施工进度、深化设计、安全质量等因素，既是施工企业对设计的理解文件，也是业主项目定价与质量要求的重要依据，"合约（施工组织设计）模型"的详细程度对于日后施工结算具有重要意义。

合约模型是建筑施工承包单位组织工程技术和管理人员分专业，以设计模型数据为基础，信息共享、协调各方创建的施工计划成果，类似于 PDM（图 11-4）的"工艺设计"。

（3）竣工（实施）模型

竣工模型是指导现场施工、实施及竣工成果创建的综合模型，是施工合约模型的"深化设计"及竣工成果建模。与 PDM 不同的是创建"合约模型"时间较短，对于实际现场施工情况无法准确预估，因此，合约模型离现场实际实施还有许多不同。为弥补合约模型的不足及现场生产管理需要，在项目实际实施过程中首先需要建立"实施模型"，对项目下周（或一旬）安排在合约模型基础上重新建模，同时为项目工长发送当天（或单个构建）的实施计划，工长将实施任务结束后的有关信息发送给模型管理者创建"竣工模型"。某分项工程丙竣工模型过程如图 11-5 所示。

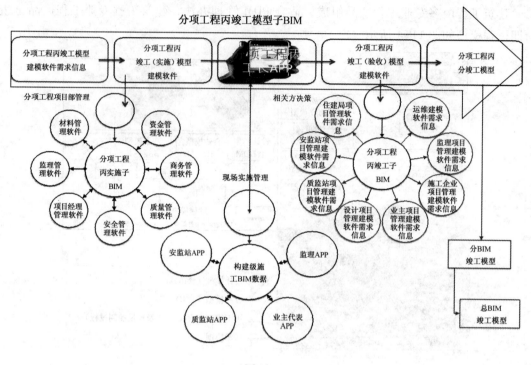

图 11-5

竣工模型是项目负责人组织项目现场所有管理人员在合约模型基础上深化并实施而得，是项目设计、建造的全过程结果，对于竣工结算及运维建模需求信息具有重要意义，类似于 PDM（图 11-4）的"生产制造"。

（4）过程（变更）模型

中国的工程建设实践证明，无论是多么精确的设计，"不变"是暂时的，"变"是永恒的。因此，对于模型版本应该是尽量以不变应万变，设计模型是设计交付的法律依据，合约模型是施工方与业主方约定的质量与结算依据，竣工模型是项目的最终结果，这三个模型是各管理方的基本依据。从设计到竣工过程，无论是设计问题改正，或是业主各种原因的修改，还是施工工艺的更改，难免有诸多变更。这些变更可以是变更单（文件）形式，可以是二维图纸，也可以是三维模型形式，其目的都是竣工模型的变更依据，这些变更不必回头再去修改设计及合约模型（除非设计院或施工企业自己管理需要），可以将这些变更依据全部装入"过程模型"，作为各方认可竣工模型的依据。

过程模型是针对建筑过程特殊性、为管理各方设立的变更模型。

（5）运维模型

运维模型是建筑物运营和维护的管理模型，工具项目管理需要建立不同的运维模型。从竣工模型中获取数据创建运维模型。

运维模型类似于 PDM（图 11-4）的"服务维护"。

136

4. 根据 BIM 模型进行项目管理（Play-well）

用好（Play-well）BIM 模型见图 11-6。

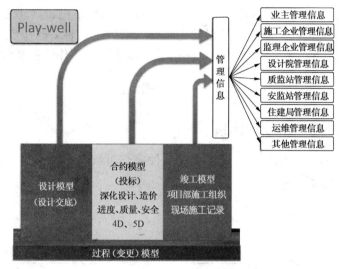

图 11-6

5. 项目全生命期各方普及（Public）BIM 应用

大众（Public）应用 BIM 见图 11-7。

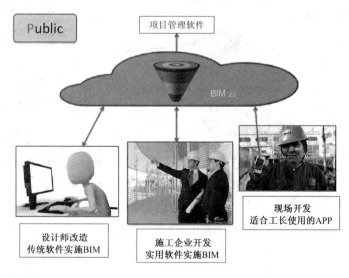

图 11-7

6. 制定专门（Proprietary）标准实现信息共享协同工作

在实际的应用中，基于子 BIM 的信息分享工具需要能够安全可靠地交互项目建设期间参与各方的数据信息，但对于不同的项目阶段，不同的项目角色和软件之间特定的信息需求，子 BIM 软件系统无法保证交互数据的完整性与协调性，针对这个问题的一个解决方案，就是制定一套标准，将建筑工程全生命期子 BIM 实际的工作流程和所需交互的信息定义清晰。

7. 中国 BIM 建模及应用软件体系

中国建筑工程项目全生命期的 BIM 建模软件完全可以自行开发，设计、合约及竣工 BIM 主要建模软件如图 11-8 ~ 图 11-10 所示。

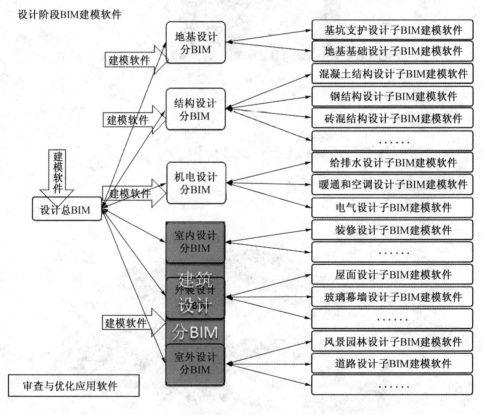

图 11-8

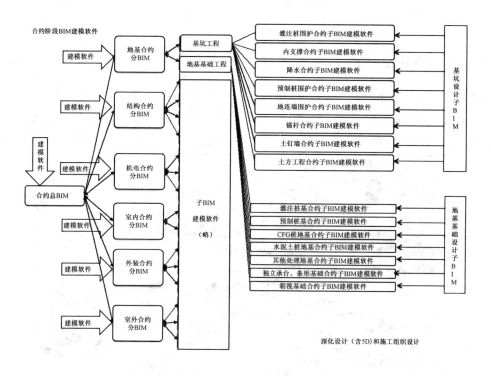

图 11-9

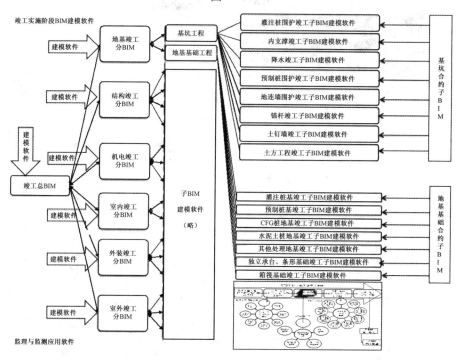

图 11-10

所有应用软件均可根据工程需要独立开发，并分别在不同 BIM 数据库提取数据。

运维模型建模软件可以从竣工模型中提取数据。

所有管理软件可以从设计、合约、竣工及过程（变更）模型中提取数据（图 11-6）。

8. 地基设计分 BIM 实现

图 11-11 所示地基设计分 BIM 模型分别由原来已有的"基坑支护设计 CAD 软件"和"地基基础设计 CAD 软件"按《基坑支护设计 P-BIM 软件功能及信息交换标准》和《地基基础设计 P-BIM 软件功能及信息交换标准》（图 11-12）改造后的建模软件所得。

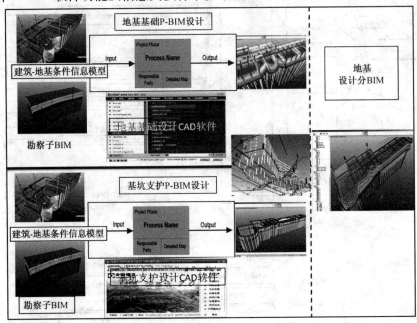

图 11-11

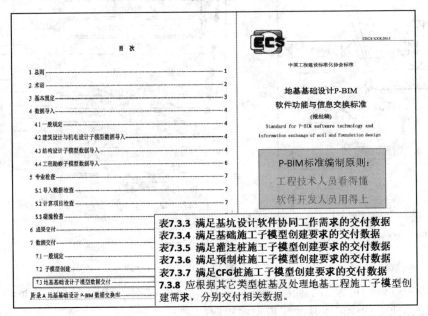

图 11-12

140

图 11-13 为读入外部条件模型和勘察子 BIM 数据，分别应用 P-BIM 建模软件取建立基坑设计子 BIM 和地基基础设计子 BIM，再将两子模型集成为地基分 BIM，地基设计分 BIM 包含了外部条件交换信息模型、勘察子 BIM、基坑子 BIM、地基（桩基）基础子 BIM。

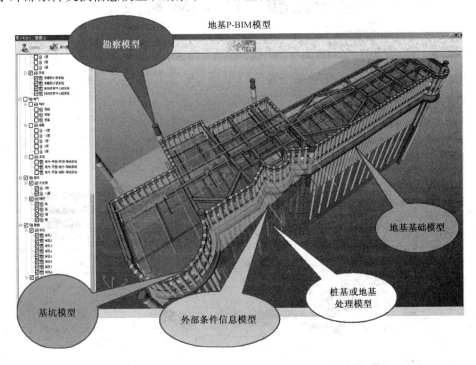

图 11-13

第十二章　P-BIM 标准

Ulf-Günter Kraus 先生（目前就职于 AVACAD CONSULT）在"我们究竟需要多少 BIM 指南"中指出："前阵子当我在为某一场演讲做准备时，特意地去寻找正式的 BIM 指南、规范、协议或任何其他建议性的文件。我一共找到了 97 个，但我相信实际数字一定比这个来得多……也许，我需要严肃地说：我受够了！"

Building Smart Alliance 给出了业主、设计、顾问、制造业、承包商及技术专家在设计、采购、安装、运营全过程的数据交换标准，如图 12-1 所示。

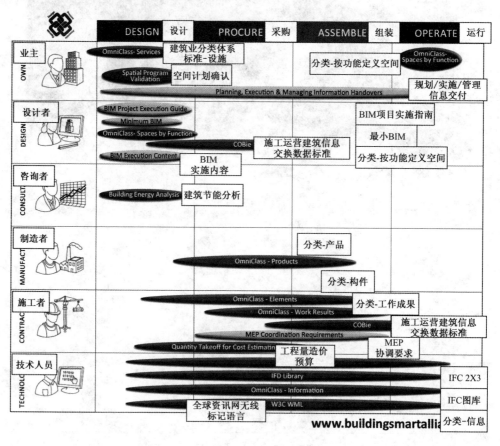

图 12-1

显然，如同 BIM 的信息一样，我们也并不缺乏有关 BIM 标准的信息，面对 BIM 标准的真正挑战是翻看多如牛毛的 BIM 标准内容，以谨慎地获取有关标准条文并组合为我们所用。

然而，BIM 标准并不为工程技术人员所直接应用，当软件开发商不采用 BIM 标准时，标准就被束之高阁，工程技术人员应用的是 BIM 指南，而 BIM 指南的基础是 BIM 标准。

因此，无论是 BIM 标准、规范或是指南、协议就难为工程技术人员所用了。

编 BIM 标准的人不直接开发软件，软件开发商不会按这种没有经过软件验证的 BIM 标准开发软件；软件开发商编的 BIM 标准是自己企业软件的特定标准，不被其他软件开发商的软件互用。实施 BIM 需要标准，众多的 BIM 标准不被软件采用，工程技术人员的应用软件就在这种无解的循环中得不到解决。

1. BIM 与标准

美国 BIM 标准第三版封面（图 12-2）的副标题（Transforming the Building Supply Chain Through Open and Interoperable Information Exchanges），告诉我们 BIM 的目标在于"通过开放和可互操作的信息交换改造建设供应链"。

图 12-2

BIM 的起源在于图 12-3（a）的项目参与各方点对点信息交换方式效率低下，需要改变为图 12-3（b）的项目参与各方与 BIM 数据库一对一信息交换方式。

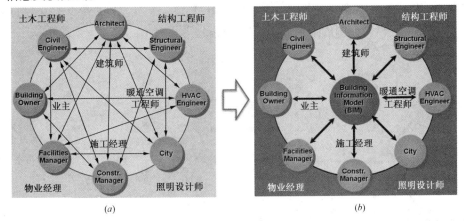

(a)   (b)

图 12-3

显然，建筑全生命期项目参与各方从 BIM 中获取数据与完成任务都需要应用各种软件。因此，图 12-3 所示人与人之间的信息交换方式可以表达为软件间的信息交换方式（图 12-4）。

将图 12-4（b）进一步表达为图 12-5，我们可以清楚地得到结论：BIM 为项目参与方完成任务的软件服务。

BIM 本身不是最终目标。BIM 的目标是给行业和公众带来重大价值提高信息的互操作性和无处不在（随手可得）的水平，通过它减少风险、维护安全，并根据多种业务需求及

143

时提供不同功能级别的可伸缩的和可用的数据和信息。

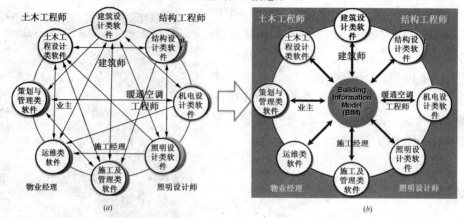

图 12-4

软件是客观事物的一种虚拟反映，是知识的固化、凝练和体现。项目各参与方不同岗位的专业技术或管理流程编制成软件，借助计算机，提高工作效率。BIM、软件都没有改变项目参与各方不同岗位（角色）职责与责任。

对于建筑工程项目全生命期，BIM 需要为项目各参与方不同岗位（共有 n 个岗位）使用的 n 项完成任务（业务需求）软件，即将图 12-4 的各类软件落实到每个任务软件并增加各种管理软件至 n 个，如图 12-6 所示，应用互联网技术为项目各参与方不同岗位软件提供"随手可得"的"可用的数据和信息"，如图 12-7 所示。

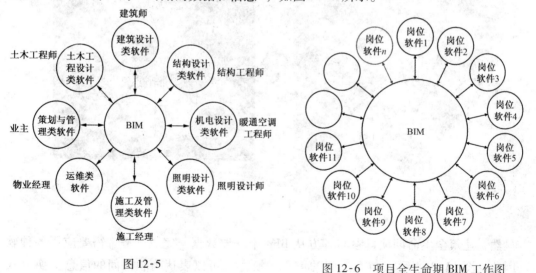

图 12-5

图 12-6 项目全生命期 BIM 工作图

P-BIM 信息交换云是为简化互操作性而设计的，这增加了当前或未来使用附加产品的选项。如果硬件或软件发生变化需要实施，也不太可能有互操作性的担忧。更重要的是，P-BIM 云信息交换是完全可伸缩的，可以与业务共同成长。

要实现图 12-7 就需要有开放式 BIM 标准，开放式 BIM 标准被看作是实现数据互操作性和集成的工具，需要它才能推动建筑业不断提高效率和生产力。前提条件是"电子数据交换、管理和访问做到流畅且无缝对接。这意味着信息只需要输入电子系统一次，然后通过信息技术网络，让参与各方瞬间就能按需提取"。

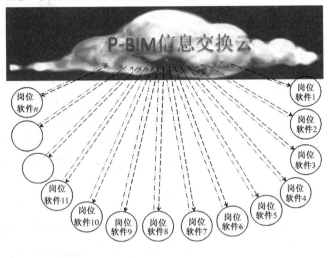

图 12-7

让参与各方瞬间就能按需提取"可用的数据和信息"的前提条件是参与各方事先参与提出所需的"数据和信息"并将其提交给各相关软件开发者，软件开发者按统一的数据标准开发 BIM 软件。由于建筑工程（设施）具有社会大协作特性，对于项目全生命期，没有一家企业可以独立完成。因此，实施 BIM，无论是软件公司、设计公司、施工公司、业主都难以独善其身。

互联网尤其是移动互联网的应用高度发达，将传统的时间、空间界限打破了。未来的企业发展一定是业务专业化、信息社会化。

BIM 的价值在于项目全生命期，项目全生命期是全行业的事，需要全行业各参与者的共同努力才能实现，没有中国开放式标准的国外"BIM 软件"在中国也仅仅是应用软件而已。

我们通常把目前实施 BIM 的困境归结为：没有 BIM 标准。我们应用国外 BIM 软件，而针对国外 BIM 软件的国外 BIM 标准已经过百，既有写得很好的通用 BIM 标准，也有内容很详尽的软件商如 Autodesk 和 Bentley 为英国编的 BIM 标准，还有我国各省、市已经或今后将要编制的 BIM 标准、指南。BIM 标准、指南如此之多，可我们的 BIM 使用者始终感觉没有 BIM 标准。

2. P-BIM 标准

面向对象技术是在"数据结构＋算法"的基础上提升了对事物的认识方法；而构件技术是在"对象＋算法"的基础上将认识事物的角度从对象个体本身提升到了个体在群体中的作用。在基于构件和体系结构的开发方法下，程序开发模式也相应地发生了根本变化。软件开发不再是"数据结构＋算法"，而是"构件开发＋基于体系结构的构件组装"。

构件技术是面向对象技术的更高层次的抽象，它将底层的对象集合打包组成功能"插件"。基于构件技术的软件生产就是把已经存在的构件组装到所开发的软件系统的框架结构中去，从而产生新的软件产品。

实现构件技术的条件是：

（1）有标准软件体系结构，保证构件间通信协议统一，实现同步和异步操作控制，突破本地空间限制，充分利用网络环境。

（2）构件有标准接口，保证系统可分解成多个功能独立的单元，用构件组装而成。

（3）构件独立于编程语言，用某种语言编写的构件可以在其他语言中进行调用。

（4）构件通过版本的控制，来实现应用系统的扩展和更新。

P-BIM 将 IFC-BIM 建筑信息模型的中央电子资料库分解为分布式电子资料库，如图 12-8 所示。此电子化信息存储库可以延展到整个项目生命周期。全部子 BIM 构成项目的物理和功能信息。

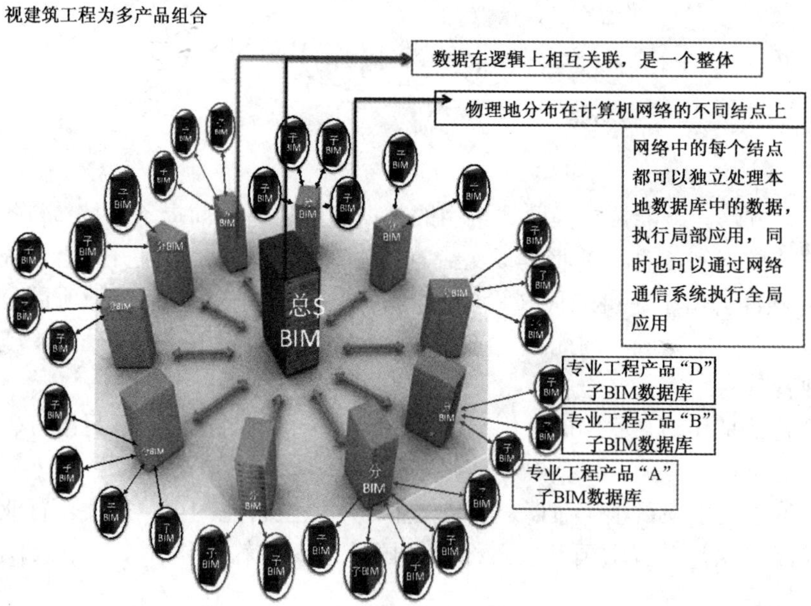

图 12-8　项目全生命期信息模型体系分布

基于构件的软件开发技术，建筑全生命期的 P-BIM 软件系统被分解为各自围绕总、分、子 BIM 工作的构件（P-BIM 软件），在 BIM 过程中 P-BIM 软件以多种方式采用这些信息，有的是直接采用，有的是在经过推导、计算及分析之后采用的。

子 BIM 数据库可以用面向对象技术开发的 BIM 软件创建，也可以用基于构件技术开发的 CAD 软件创建。

CAD 软件在内部利用点、线、矩形、面等几何实体表达各类数据，CAD 系统可以精确地描述任何区域中的几何形状。P-BIM 将建筑工程分解为多产品组合，在设计、施工、运维的不同阶段，对于每种产品信息传递都是在同专业人员之间交换，因此使信息理解变得简单、明确。虽然几何信息本身无法表示整个 BIM 流程所需的项目，但基于传统 CAD

信息表达规定，并附加或关联其他功能信息，这样也可达到目前"BIM 软件"信息传递功能；附加或关联其他功能信息的另一种方法是在传统 CAD 信息表达规定上附加二维码，专业团队中的不同阶段成员在项目全生命期的不同阶段能够在二维码上添加、编辑或从子 BIM 存储库取信息。

在分 BIM、总 BIM 中可以存储有用的信息，以备能耗、性能化、绿色建筑评价分析使用。

BIM 是改革建筑环境产业的一种方式，其之所以具有吸引力是因为能够使项目交付网络中的各利益相关方之间在内部进行协调、合作和沟通，这对于 IFC-BIM 又谈何容易，但对于 P-BIM 相对而言则比较简单。基于构件的软件开发技术允许每一个软件工具可能以一种专有格式在内部存储数据，软件（构件）的互操作性由连接件完成（图 12-9），从而实现合作、协调及沟通的承诺。

从技术上讲，IFC-BIM 中所述的互操作性可以通过一种使用标准模式语言的开放及公开管理的架构（字典）来实现；而 P-BIM 中所述的互操作性可以通过一种使用标准模式语言的开放及公开管理的架构（字典）来实现，也可以通过指定"约束（构件与连接件的连接关系）"实现，这就意味着 P-BIM 中所述的互操作性可以通过多种（两两约定俗成）使用标准模式语言的开放及公开管理的架构来实现。

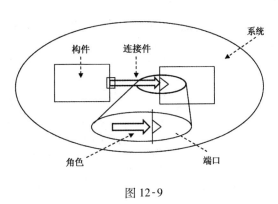

图 12-9

在行业应用 BIM，既可以采用 IFC-BIM，也可以采用 P-BIM。P-BIM 中所述的互操作性既可以采用 IFC-BIM 方法，也可以应用多种"语言"，但同时需要多种"语言"的开放及公开管理的架构来实现。中国 BIM 发展联盟（国家建筑信息模型（BIM）产业技术创新战略联盟）将利用国内外已有数据标准联合全国建设行业从业者（设计、施工、监理、业主、运营、厂家）开发相关 P-BIM 标准。

（1）P-BIM 公开管理架构标准

《建筑全生命期信息模型分布体系及软件功能分割标准》是确定图 12-10 的项目全生命期各阶段总 BIM 模型管理之下信息模型体系分布的具体子 BIM、分 BIM 及各管理信息模型数量，并将图 12-10 全生命期的所有 n 个岗位软件分配于相应总、分、子 BIM 及管理信息模型，界定每个软件功能。

P-BIM 公开管理架构如图 12-10 所示。

（2）P-BIM 软件功能及信息交换标准

图 12-6 整合了建筑环境产业中的业务流程的岗位软件，《XX P-BIM 软件功能及信息交换标准》是针对项目交付生命周期中所有过程岗位软件所需的信息制定的详细规范，规定了各岗位软件应该具备的功能及在项目全生命期中需要提供信息的内容、格式和时限。所有《XX P-BIM 软件功能及信息交换标准》的集合包含了类似于 IDMs、MVDs 及 COBie 的内容。

（3）P-BIM 交换信息云存储文件命名规则

P-BIM 所有软件的交换信息都通过云交换，这既实现了互操作性又可以确保工程信息安全。项目 BIM 交换信息多达成千上万个，需要建立《P-BIM 交换信息云存储文件命名规则标准》，便于 P-BIM 软件从云存储中方便读取和存储交换数据。

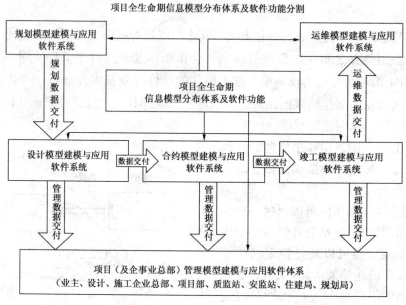

图 12-10

在《建筑工程信息交换实施标准》的公开管理架构下，逐步完善《XX P-BIM 软件功能及信息交换标准》体系，按照《P-BIM 交换信息云存储文件命名规则标准》实现图 12-7 的理想互操作性。

正如 IFC-BIM 一样，P-BIM 也有很长的路要走。BIM 没有软件，但软件是验证 BIM 的重要手段。我们将先编制功能软件（P-BIM 软件），在确保信息成功传递基础上编制《XX P-BIM 软件功能及信息交换标准》。

虽然 IFC-BIM 已经有了十多年的研究，但 P-BIM 在 IFC-BIM 研究基础上，按照 P-BIM 的顶层设计，动员全国力量做出适合中国工程建设和管理人员的 P-BIM 应用软件，在中国实施 BIM 的道路上 P-BIM 将大有作为。

无论 IFC-BIM 标准或者 P-BIM 标准，实施 BIM 成功与否的关键都是软件开发商是否愿意按此标准开发软件的事；BIM 使用者对于 BIM 标准的期待就是软件开发商按可用的 BIM 标准开发的岗位软件可以使自己需要的有用信息随手可得。

3. 中国建筑工程 BIM 标准体系建议

除运维模型外，中国建筑工程 BIM 标准体系建议如图 12-11 所示。

图 12-11 中左边"IFC&LOD"标准可以是右边《建筑全生命期信息模型分布体系及

软件功能分割标准》的一部分。

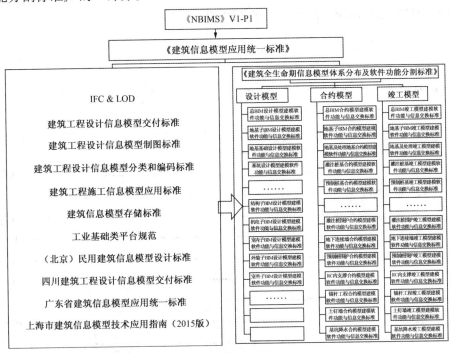

图 12-11　中国 BIM 标准体系建议图

(1)《NBIMS》V1-P1

《NBIMS》第一版第一部分介绍了 BIM 的概论、原理和方法（图 12-12）。

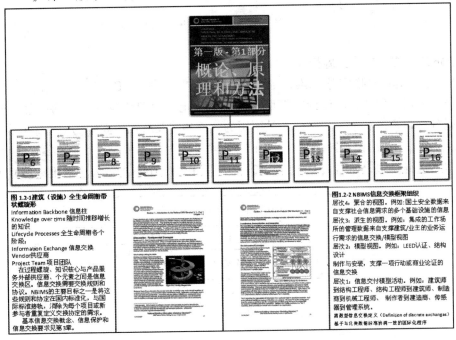

图 12-12

（2）中国国家标准《建筑信息模型应用统一标准》

《建筑信息模型应用统一标准》目录如图12-13所示。

目　次

图12-13　《建筑信息模型应用统一标准》目录

（3）《建筑工程信息交换实施标准》

《建筑工程信息交换实施标准》是建筑工程全生命期 P-BIM 实施方式的模型分布体系、建模与应用软件的顶层设计。模型分布体系确定了模型总数及其间的信息关联关系，软件功能分割确定了每个工作岗位人员所用的软件功能及所在模型中的信息关联关系。

建筑工程全生命期根据数据交付的不同阶段可分为规划模型、设计模型、合约模型、竣工模型、运维模型，如图12-14、图12-15（图12-15中不含规划、运维模型）所示。

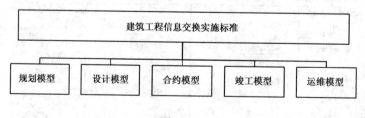

图12-14

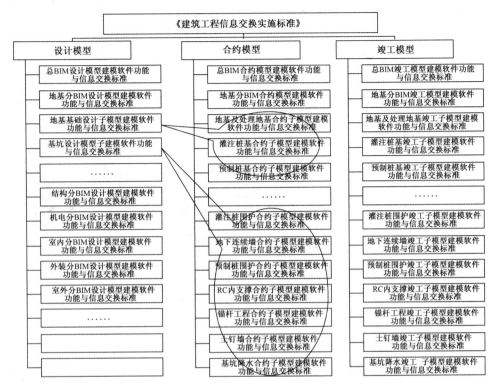

图 12-15

(4)《XX P-BIM 软件功能及信息交换标准》

《建筑工程信息交换实施标准》确定了建筑全生命期的所有总、分、子 BIM 模型体系及所有建模和应用软件，所有软件在不同的总、分、子 BIM 建立模型和从中获取数据完成工作。对于每个建模或应用软件（图 12-16）需要界定其完成任务功能及数据交换要求，根据软件功能要求编制《XX P-BIM 软件功能及信息交换标准》。

《XX P-BIM 软件功能及信息交换标准》类似于 IDM（Information delivery Manual），是基于模型的信息交换，也可称 MIDM。它的目标在于使得针对全生命周期某一特定阶段的信息需求标准化，并将需求提供给软件商，MIDM 标准的制定，将使基于子 BIM 的 P-BIM工作方式真正得到落实，并使得交互性真正能够实现并创造价值。

一个软件应用程序总是用以支持用户在项目基于指定时间和地点的基于某个特定目的的需求，信息的需求与利用总是基于特定的任务和过程。《XX P-BIM 软件功能及信息交换标准》的组成部件包括以下四部分：

1）流程图（Process Map）

流程图定义了针对某一特定主题（如从子 BIM 到分 BIM、总 BIM；设计子 BIM 到合约子 BIM、竣工子 BIM、运维子 BIM）的活动流，所涉及的人员角色，以及整个过程中需要信息交换的节点。同时对于各流程及相应的子流程的详尽文字描述。

2）交换需求（Exchange Requirements，ER）

交换需求是对流程图中的特定活动所需交换的一组信息的完整描述。而这种描述采用的是非技术性方式，即从软件的角度，对信息进行文字性的叙述。

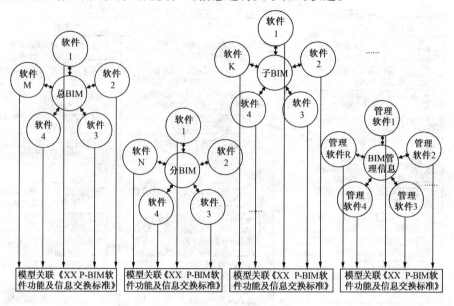

各独立模型关联建模及应用软件《XX P-BIM软件功能及信息交换标准》

图 12-16

3）功能（软件功能）部件（Functional Parts，FP）

功能部件是《XX P-BIM 软件功能及信息交换标准》中数据信息的基本单元。每一个交换需求都是由若干个功能部件组成，一个功能部件也可能与多个交换需求关联。交换需求中文字性描述的信息被转述为各个功能部件中以技术性语言，即一定数据模型标准和格式描述的数据信息，最终提供给软件商使用，形成解决方案，通过软件支持模型交换需求。

目前建筑信息模型领域最为成熟，得到广泛认可和采纳的数据模型标准是 IFC 标准，因此现在制定的《XX P-BIM 软件功能及信息交换标准》，功能部件的建立建议基于 IFC 数据模型标准，也可以采用其他数据模型标准。

4）商业规则（Business Rules，BR）

需要交换怎样的信息已经在 ER 中定义，而信息的详略程度以及精确度则需要通过商业规则来控制。商业规则是用来描述特定过程或者活动中交换的数据、属性的限制条件。这种限制条件可以基于一个项目，也可以基于当地的标准。通过商业规则，可以改变使用信息模型的结果而无需对信息模型本身做出改变。这使得《XX P-BIM 软件功能及信息交换标准》在使用中更加灵活。

5）子 BIM、总 BIM 模型信息交换标准

分 BIM、总 BIM 模型根据项目各方需要由子 BIM 模型信息集成；分 BIM、总 BIM 模型独立功能信息集成与应用信息交换标准是《XX P-BIM 软件功能及信息交换标准》的组成部分。

美国 BIM 标准通过 IDM 实现所有利益相关方与统一的 BIM 模型信息交换功能，P-BIM 则通过《XX P-BIM 软件功能及信息交换标准》将所有利益相关方分组模型信息交换，并建

152

立分组之间的信息交换，改变美国 BIM 的中心数据库为 P-BIM 分布式数据库工作方式。

根据分布式数据库工作方式，所有的 BIM 软件我们都有能力根据项目需要进行开发，建立中国自主知识产权的 BIM 系列软件。

4. P-BIM 标准催生新的动能实现建筑业发展升级

从发展规律看，生产力的提高主要源于两个方面，一是生产工具出现革命性变化，二是伴随而来的生产方式和组织模式创新。一些引领性、标志性、颠覆性新技术的出现和集群式应用往往与生产组织变革相互交织、形成共振，促进生产效率不断提高，从而对经济社会发展产生全局性、系统性的影响。回顾历史，人类社会进程总是呈现波浪式发展、螺旋式上升的轨迹。从石器到青铜器、铁器的广泛应用，再到以蒸汽机、电气化为代表的两次工业革命，人类文明逐渐从个体、小手工作坊发展到机械化大生产阶段。

如今，随着众多新技术涌现，第三次工业革命正向我们走来。在规模化、集中式生产方式不断改进完善的同时，新型的"小手工作坊"又再度崛起，但这种依托互联网新技术的"小手工作坊"迥异于前，它不再是传统意义上的个人单打独斗，而是与外部广泛联系的一个社会化单元，其产品更加个性化、定制化，但创意和制造往往来自全社会的协作。IFC-BIM 标准是规模化、集中式的庞大"BIM 软件"的 BIM 实施方式，而 P-BIM 标准则为新型的"小手工作坊"、分布式的 P-BIM 软件的 BIM 实施方式。P-BIM 软件紧密结合专业产品的 PDM，建筑中的专业产品制作不再是传统意义上的单打独斗，而是通过 P-BIM 软件与外部广泛联系的项目全生命期的一个产品单元，其产品更加个性化、定制化，但其设计和制造则来自全社会的协作。

互联网新技术成就了图 12-6，为建筑传统生产和组织管理模式带来了革命性变化，有利于传统建筑行业的资源更优地配置和创造性技术的发展，拓展了大众创业、万众创新的空间。成千上万人投入创业创新不仅会塑造新的建筑行业生态格局，也将对社会各方面产生深刻影响，并会推动政府管理理念和方式的创新。

"互联网+"和"+互联网"从一定意义上讲是相通的，但也有所区别。相同之处在于其核心都是运用各种方式把众创、众包、众扶、众筹等带动起来，推动企业生产模式和组织方式变革，增强企业创新能力和创造活力。不同之处在于"互联网+建筑产业"是在互联网技术及思维引导下如何改造、提升建筑产业，推进建筑市场化改革，创造建筑产业"双创"条件；而"建筑产业+互联网"则是保持建筑产业基本生态条件下如何利用互联网提高工作效率。

P-BIM 让中国建筑设计、施工、运维及其产品制造，也包括服务业产品，更好地实现与互联网相结合。这不仅是技术创新，更可能催生体制创新，符合生产力变化推动生产关系发生相应变化的历史唯物主义原理。P-BIM 实施方式是用互联网改造"传统（IFC）BIM 实施方式"，改变了企业营销模式和管理模式，政府的监管模式也会因此改变，政府可以做到更好的服务，也能做到事中、事后有效监管，为企业创造公平竞争环境。

我国建筑业迈向中高端水平必须要有基本依托，这个基本依托就是推动形成大众创业、万众创新的新动能。建筑业"双创"的蓬勃发展，会倒逼建筑企业转型升级，形成传统行业网络化智能化改造浪潮，带动云计算、大数据、物联网等新技术发展，变建筑大国为建筑强国。

互联网尤其是移动互联网的应用高度发达，将传统的时间、空间界限打破了。未来的企业发展一定是业务专业化、信息社会化。

5. P-BIM、IFC-BIM 及软件开发商 BIM

今后，可能有三种 BIM 的实施方式（图 12-17）：

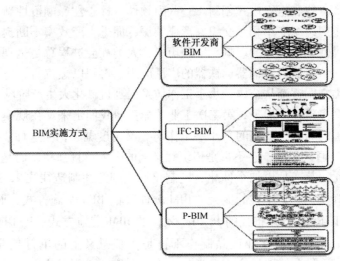

图 12-17　三种 BIM 实施方式

（1）软件开发商 BIM

软件开发商 BIM 是目前我国推广 BIM 的主要方式，如图 12-18 所示。

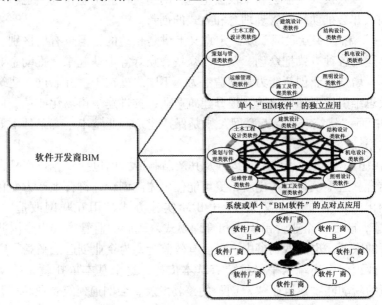

图 12-18　软件开发商 BIM

我们现在大部分项目的"BIM应用"还处于单个"BIM软件"应用，或某个软件开发商的"BIM系统"及"BIM软件"应用，或与其他软件开发商的"BIM系统"及"BIM软件"点对点应用，从图12-4可见，这些项目的"BIM应用"的信息交换方式正是需要用BIM改变的信息交换方式，不符合美国BIM标准对于BIM的定义。

软件开发商BIM要真正达到美国BIM标准的要求不是靠我们应用者的努力能实现的，只有依靠软件开发商联合制定统一交换标准并按此标准执行才能实现，但横亘在各软件开发商面前的是一座经济利益大山。

(2) IFC-BIM

IFC-BIM是美国BIM标准推崇的BIM实施方式，如图12-19所示：

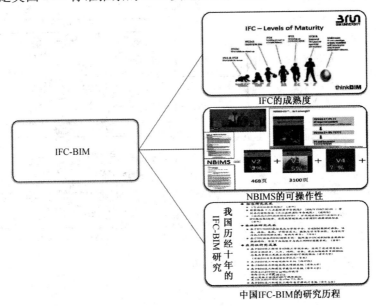

图12-19　IFC-BIM

由于IFC标准成熟度较低，美国BIM标准对于项目全生命期的可操作性还不够，况且IFC-BIM在中国应用还有本土化问题，因此注定用IFC-BIM方式实施BIM在我国会困难重重，我国对于IFC-BIM的研究已有十年历程，也取得了一定成果，但还不能满足设计应用要求，离施工应用更有很长路要走。

IFC-BIM在中国落地应用，我们还有很多研究工作要做。

(3) P-BIM

P-BIM是基于工程实践的BIM实施方式，如图12-20所示。

P-BIM是结合工程实践的BIM实施方式，其目的是形成我国自主知识产权的BIM建模和应用软件，并弥补软件开发商BIM和IFC-BIM的不足。这需要改造我国已有的设计与管理软件，开发施工、运维及其他软件，编制一套适合中国应用的软件信息交换编制，是一项庞大的系统工程。P-BIM系统虽然工作量巨大，但其基础是互联网思维，软件使用者可能也可以主导或主持开发适合自己的建模与应用软件，中国BIM发展联盟负责组织制定软件信息交换标准，使所有软件信息共享、协同工作，快速实现中国BIM落地。

（4）P-BIM 与 IFC-BIM、软件开发商 BIM 关系

图 12-21 所示的 BIM 实施方式包含了软件开发商 BIM、IFC-BIM 及 P-BIM，图 12-20 所示的 P-BIM 实施方式包含了 P-BIM 数据库、P-BIM 软件及建模和信息交换方式三大部分。P-BIM 数据库也可以用 IFC 数据格式、"BIM 软件"也可以按 P-BIM 交换标准增加输出输入格式成为 P-BIM 软件。

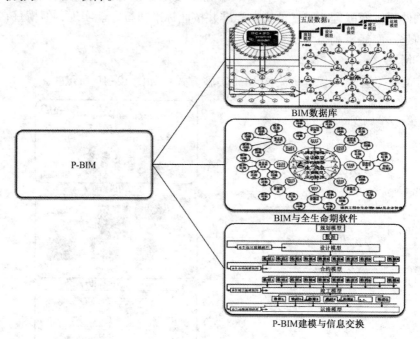

图 12-20　P-BIM

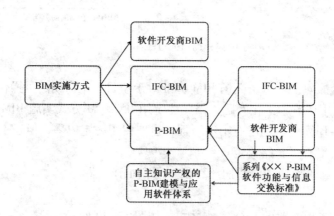

图 12-21　P-BIM 与 IFC-BIM、软件开发商 BIM 关系

因此，在符合《P-BIM 软件功能和信息交换标准》条件下，我们既有自主知识产权的 P-BIM 建模与应用软件体系，又不排除 IFC-BIM 标准及国外先进 BIM 软件在我国 BIM 发展中发挥作用。

从图 12-21 可知，P-BIM 是基于工程实践，融合国内外各方已有成果、发挥各方优势、充分调动各方积极性、尽早实现中国 BIM 落地的一种 BIM 实施方式。

156

第十三章 实现 BIM 山路崎岖

新西兰 Michael Thomson 和 Peter Jeffs 先生撰文指出：我们尚未看到新西兰有真正的 BIM 项目。那只是一个规模合理的建筑，施工阶段采用了完全集成化的模型，集成了施工进度和概预算，并用于加工图纸和施工图纸的制作。目前还谈不上发展成传说中的 LOD500（成熟水平）模型，也没能与大楼目前日常管理的物业管理数据库链接……借用英国著名歌手尤素夫伊斯兰（原名凯特·史帝文斯）说过的话，"我知道我们已经取得很大进步，我们每天都有新的改变……" 然而，我们还有很长的路要走，有一点可以肯定，任何人都不能孤军奋战。我们大家都投入了大量的时间、金钱和精力，尝试驾驭这只野兽（BIM）。但面临的挑战和管理问题实在过于庞大，没有哪个机构能够独自驾驭并声称具备专门知识。如果哪天 BIM 得以真正实现，我们看来那根本的改变就是我们共创信息，分享信息，期间确实涉及真诚合作和有必要暂时放弃利己的商业利益，却不忘肩负的责任问题。

实现 BIM，山路崎岖。

1. BIM 将会在更多项目上使用的预测结果难料

Design Master Software 在 MEP 行业截至 2013 年进行连续四年的调查指出：BIM 将会在更多项目上使用的预测是错误的（图 13-1）。

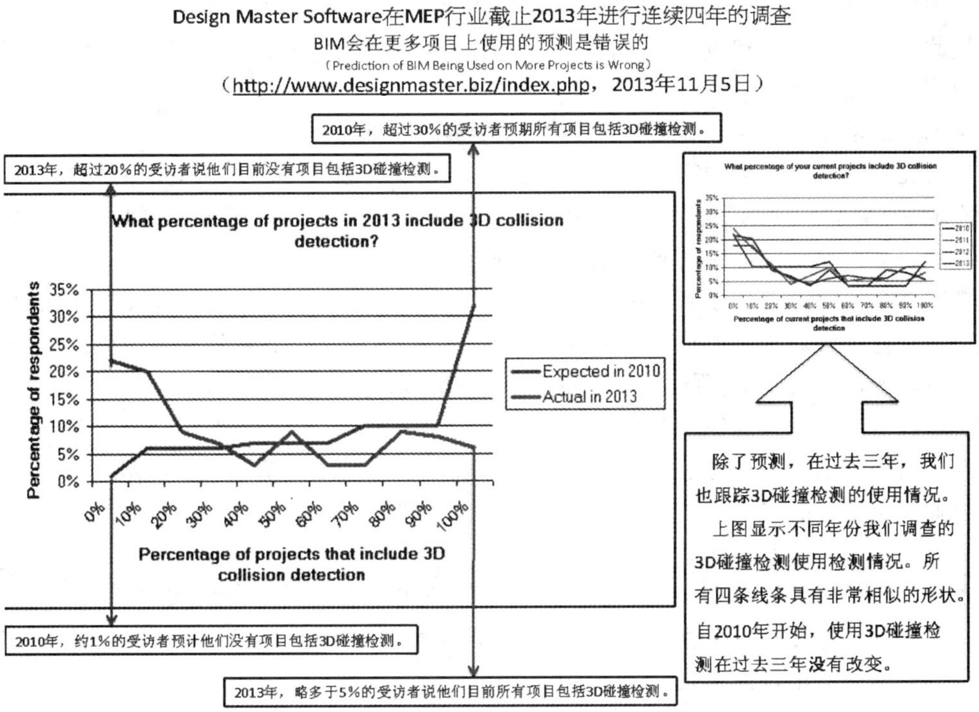

Design Master Software在MEP行业截止2013年进行连续四年的调查
BIM会在更多项目上使用的预测是错误的
（Prediction of BIM Being Used on More Projects is Wrong）
（http://www.designmaster.biz/index.php，2013年11月5日）

图 13-1

问题 1：在期望与现实之间为什么会出现这种脱节？

在行业所有讨论中都是关于在所有项目 BIM 未来会如何。但这至少已经讨论三年了。在这段时间，一切都没有显著改变。发生了什么事，导致每个人都期望 BIM 的使用在未来会增加？为什么在 BIM 使用上的变化没有达到预期？

问题 2：在未来三年与以往的三年相比，会有什么不同？

出乎所有人的意料，BIM 最近没有突然成功。如果 BIM 在未来越来越常见，某些事情将需要改变。与过去三年相比，未来三年软件将变得越来越好？业主更愿意花额外的钱在包括 BIM 的设计工作上？BIM 与替代品相比，变得更便宜？

我们最好的推测是，这种脱节是由建筑师和工程师之间的脱节引起。这两个专业团体看到不同的世界。对于建筑师，BIM 具有显而易见、立刻显现的效益。他们认为工程师将获得同样的好处。现实情况是建筑师收获的这种诸如 3D 建模这类显而易见的效益，对工程师几乎是无用的。建筑师在迫使工程师使用 BIM，这导致工程师在未来期望能够使用 BIM。但建筑师也迫使工程师生产设计更快，更便宜。当更快和更便宜的设计与 BIM 相对，需做出选择，BIM 就丢失了。

我们没有看到任何迹象表明该行业将发生变化，使得 BIM 会突然变得比现在更受欢迎。BIM 将继续使用在一些能够负担得起大型设计费的项目上。BIM 将继续于复杂的项目，其中的好处是大到足以超过成本使用。对于绝大多数项目，BIM 仍将继续是业主不愿意支付的一种奢侈品。

2. 英国政府 BIM 计划实施不容乐观

英国政府 BIS 部门 2012 年颁布了 BIS BIM Strategy，即《BIM 执行计划 12 条》，并希望通过此次计划的颁布和执行，使得英国在全球 BIM 应用、标准和服务中占据主导地位。在其引言中指出：

英国政府的工业战略已把建筑业定位推动经济发展的领域。建筑业是一个高度多样化，涉及无数领域供货商的行业。2010 年，建筑业为英国经济贡献了增加值总额（GVA）690 亿英镑（产值 1070 亿英镑），雇用了约 250 万名工人，是英国经济增长的主要因素。同时，建筑业也是英国应对气候变化的重点领域。

英国在某些建筑服务领域：主要是工程、建筑、低碳和绿色建筑环境评估方法具有相对优势，这种优势对创造由技术变革驱动的机会，增加环保意识和新兴经济体的出现非常重要。建筑业深受公共部门的直接和间接政策的影响，能实现约 30% 的工业产值，因此更新和扩建国内基础设施的建设意义重大。

在能力评估基础上设计了行动计划，政府和工业界将通过成为国际上 BIM 领军者为英国建筑业创建更多的机会。我们将依靠 BIM 在国内建筑业已经取得的重大进展来实现这个目标。

现在，2015 年 11 月，尽管离英国要求"2016 年开始所有政府建筑承包商必须使用 BIM"的强制令生效只有月余，但是行业协会调查数据结果却不容乐观——完全做好准备迎接强制令的建筑承包商不到六分之一。

据电业承包商协会（ECA）最新的调查结果显示，只有 16% 的建筑承包商表示自己"完全准备好了"，其余57%的承包商"还没有完全做好准备"，而27%承认"完全没准备好"。

　　ECA在线调查由英国皇家注册设备工程师协会（CIBSE）和建筑服务研究和信息协会（BSRIA）等单位支持，共收到了业界数百份问卷回复。调查目的是揭示建筑行业对于即将到来的BIM Level2（图13-2）实施强制令的准备状况。1级水平是一个过渡阶段，以书面资料为主的环境向二维和三维环境过渡，转型焦点集中在协作与信息共享。在2级水平，信息生成、交换、公布及存档使用的是常见方法。将保证项目各参与方都可共享一般/统一格式化了的数字文档。然而，这是以专业为中心的专有模型，这个等级有时被称为"pBIM"。在常见数据环境（CDE）的基础上开始采用模型整合。3级水平实现了完全整合的"iBIM"，其标志是所有的小组成员都可以利用单一的模型。

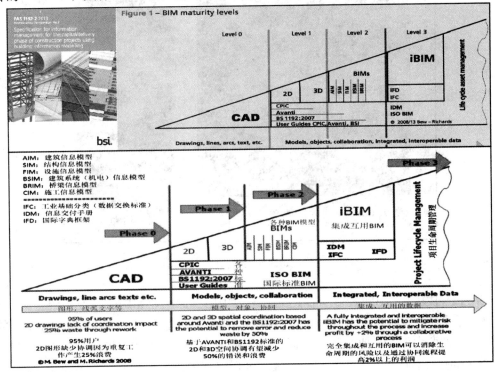

图13-2　英国BIM成熟度水平（英国BIM路线图）

　　此前荷兰市场研究咨询公司对全欧进行过一次调查，结果显示64%的英国暖通空调承包商没听说过BIM，尽管英国比其他的欧洲伙伴都更加努力地在推行BIM，但只有6%的企业表示正在使用BIM。

　　而对于最近的这次调查，ECA业务服务总监Paul Reeve说："调查结果表明，'BIM意识'在建筑界的普及度已经很高了，但很多承包商，还有其他建筑相关单位，对于政府的2016BIM最后期限，还有很长的路要走。"

3.《中国BIM应用价值研究报告（2015）》分析

　　在建筑信息模型（BIM）价值及影响研究领域具有丰富经验的Stephen A. Jones先生和

Harvey M. Bernstein 先生总结了一份对于中国工程建设行业具有一定参考价值的《中国 BIM 应用价值研究报告（2015）》（以下简称《报告》），这份报告（图 13-3）描述了 BIM 在中国目前及今后应用的发展情况，指出了今后中国 BIM 发展中亟待解决的问题，同时，报告对于中国 BIM 发展还给出了相当乐观评价，对此我们需要认真研读，了解背景，切不可忘乎所以。

图 13-3 《中国 BIM 应用价值研究报告（2015）》

《报告》中关于"BIM 效益"描述为：多数中国设计企业和施工企业一致赞同，BIM 为其项目带来了一定程度的益处。这对于两类用户而言，优化设计方案和减少施工图的错漏是最主要的两大效益；他们还都根据自身体验一致表示，BIM 有助于提高客户参与度；设计企业和施工企业高度评价了 BIM 在施工过程中减少施工现场问题和减少返工的作用，这是对 BIM 设计后期价值的肯定。

《报告》中关于"问卷调查对 BIM 的定义"描述为：此次问卷调查特对"BIM 的应用"定义如下：应用 BIM 来自行创建模型或利用其他企业创建的模型（或同时包括这两种情况）。自行创建模型、利用他人的模型或同时采用这两种手段的受访者被归类为"BIM 用户"，而表示完全不应用 BIM 的受访者被归类为"非 BIM 用户"。这两组受访者分别就 BIM 及其在中国的应用情况回答了不同的问题。

由此可见，该《报告》一如既往地通过调查"BIM 软件应用"分析"BIM 应用"。

《报告》对未来（含中国）两年 BIM 应用率高/极高的施工企业增幅预测如图 13-4 所示。

从图 13-4 可见，中国施工企业 BIM 应用增幅为世界四强，但从其说明中却发现我们处于一个尴尬地位：在中国之前的国家是 BIM 应用落后地区，在中国之后的国家是 BIM 应用成熟地区。

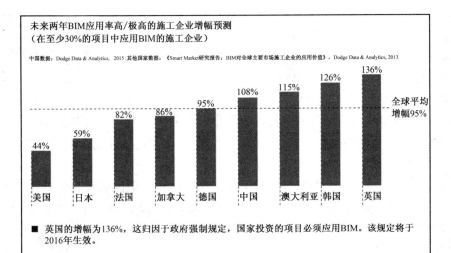

图 13-4 未来（含中国）两年 BIM 应用率高/极高的施工企业增幅预测

《报告》对各国拥有 BIM 技能水平的施工企业占比排列如图 13-5 所示。

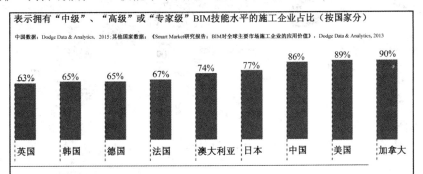

图 13-5 各国拥有 BIM 技能水平的施工企业占比排列

《报告》中关于"BIM 技能水平"定义为：

专家级：技能水平显著高于其他企业；

高级：技能水平高于其他企业；

中级：技能水平与其他企业几乎相当；

初级：技能水平低于其他企业。

从图 13-5 可见，相对于英国建筑施工企业 BIM 技能水平自我评价的谦虚程度，中国建筑施工企业的"自我评价"毫不谦虚。从某种程度上反映了"初生牛犊不怕虎"的"中国 BIM 精神"。

《报告》调研结果显示：虽然相比较其他国家，BIM 在中国施工企业刚刚起步，但正处于快速发展阶段，在能充分利用 BIM 价值的较大型企业中尤其如此。间接表明中国市场正在开始体验 BIM 带来的效益，并暗示未来中国在 BIM 应用方面的领导潜力。

事实并非如此。

2014 年 McGraw Hill 建筑公司提供的《BIM 对全球主要市场中的建筑业表现出来的商业价值》报告以一种广泛的、最新的视角剖析了 BIM 在全球重要市场中的状态（图 13-6）。

图 13-6　BIM 在全球重要市场中的状态

且不论图中数据是否正确，但从其比例可见中国 BIM 应用率（采用率）处于世界较低水平。

《报告》所述 BIM 应用率是指涉及 BIM 的项目在企业项目总数中的占比。我们有时很容易会对应用率这个词产生误解，众所周知这是个无量纲比例，因此与其研究对象关系密切。如对于"企业 BIM 应用率"，我们可以认为在 100 个企业中有多少个企业用了 BIM，另外还可能对企业性质不同进行定义而得出不同结果。

《报告》中关于 BIM 应用情况的"BIM 应用率"描述为：企业 BIM 应用率指的是涉及 BIM 的项目在企业项目总数中的占比。调研结果表明当前 BIM 在中国的应用率及其预测如图 13-7 所示，并给出了中国位居新兴趋势前沿的结论。

将"涉及 BIM 的项目在企业项目总数中的占比"认为是"BIM 在中国的应用率"是件让人难以理解的事。

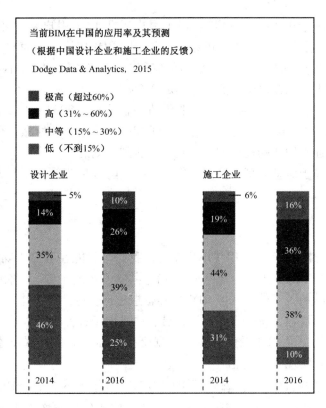

图 13-7 当前 BIM 在"中国的应用率"及其预测

图 13-7 的正确含义应该是"受访企业当前涉及 BIM 的项目在企业项目总数中的占比及其预测"。《报告》并没有对"涉及 BIM 的项目"做进一步说明，因此，我们还需注意"涉及 BIM 的项目"中 BIM 应用的不同水平，如果缺乏什么是 100% 的 BIM 应用水平标准，那么就很难说明"涉及 BIM 的项目"究竟做了多少 BIM 的事，或者有些根本就不是"涉及 BIM 的项目"。如"碰撞检查"到底是属于设计企业还是属于施工企业？"碰撞检查"这件事"涉及"整个项目 BIM 应用达到多高水平，5%、20% 或者更高或更低？

对于"当前 BIM 在中国的应用率"，《报告》中虽然没有提及，但从《报告》的数据注解中我们可以读到其调查结果为：本报告中的数据和分析基于 350 家中国设计企业和施工企业参与的在线问卷调查。几乎所有受访者都就职于仅在中国开展业务的企业。BIM 用户中，设计企业 173 家，施工企业 123 家；非 BIM 用户中，设计企业 33 家，施工企业 21 家。因此可以得出当前在中国设计、施工企业 BIM 应用率分别为 84%、85%，这个结论显然不符合中国现状。当然，这个结论也一定不符合《报告》的统计方法。

无论是否把 BIM 当作软件或者不是，按图 13-7 我们来分析一下目前真正意义上的中国 BIM 应用率：

$$\text{中国 BIM 应用率} = \text{采用率} \times \frac{\text{BIM 用户}}{\text{BIM 用户} + \text{非 BIM 用户}}$$

采用率：涉及 BIM 的项目在企业项目总数中的占比，按图 13-7，我国 BIM 采用率为 15%；

上式中最右边项中国 BIM 用户与（BIM 用户＋非 BIM 用户）企业数之比目前不足 20%，20% 的 15% 应为 3.0%。由此可见，目前中国 BIM 应用率仅为 3.0%。

在采用率为 15% 的项目中，仅仅是局部应用，其 BIM 价值发挥不足 20%，3.0% 的 20% 应为 0.6%，目前中国 BIM 价值发挥不足 0.6%。

正如在 2012 年发布的《北美 BIM 商业价值评估报告（2007～2012）》的人物访谈中 SMITH 先生所强调："我知道我们还没真正看到 BIM 打算对行业所做的全面影响。一旦我们能把目前所有不连贯的成功连接起来时我们将看到深刻的变化。"

BIM 应用难点在于信息共享、协同工作，目前中国 BIM 发展水平与方向不容乐观。

4. P-BIM 之路

对于中国软件供应商及广大 BIM 用户而言，我们希望能在政府正确引导下共同努力，结合工程实践，根据 BIM 的核心思想——"信息共享、协同工作"，将那些已经为中国工程建设做出巨大贡献的既有软件按照 BIM 核心思想进行改造升级，并开发出更多符合我国工程建设标准和管理流程、符合多数设计人员、项目现场各方管理人员、项目经理、工程师和工人工作习惯的中国 BIM 系列（符合数据交换标准）软件，这样才能有效促进中国 BIM 逐步健康发展，实现 BIM 价值。

目前以 "BIM 建模软件" 为基础所做的 "BIM" 实际上还是图 8-1 的点对点信息交换方式；我们希望 IFC-BIM 标准实现图 8-2 的一对一 BIM 信息交换方式又面临美国 BIM 标准不完整、不适合中国建设管理流程及技术标准等问题。实施 BIM 路在何方？

BIM 没有改变每个人的工作角色和责任，软件是计算机辅助工作，BIM 提高软件工作效率和质量。现在是到了需要区别软件与 BIM 关系的时候了，BIM 是 BIM，软件是软件，软件需要 BIM，BIM 为软件服务。P-BIM 标准使项目全生命期参与者每个人的工作软件（P-BIM 软件）需要的信息通过 P-BIM 信息交换云而随手可得（图 12-7）。实现 "BIM 本身不是最终目标，BIM 为实现给行业和公众带来重大价值所需要的是提高信息的互操作性和无处不在（随手可得）的水平，通过它实现减少风险、维护安全、并根据多种业务需求及时提供不同功能级别的可伸缩的和可用的数据和信息的目标。"

图 12-7 表明项目参与方在何时何地都可以协同工作，当然这也意味着在同一屋檐下各方也可以通过 P-BIM 信息交换云协同工作。P-BIM 信息交换云不仅解决了建筑信息安全问题，同时还解决了 BIM 模型知识产权问题。

传统的建筑软件业是半封闭式生产的，国外软件开发商对于中国建筑市场基本是封闭式生产的，由软件开发商决定生产何种软件。软件开发者与消费者的角色处于半割裂或全割裂状态。但是在未来，P-BIM 会瓦解这种状态，未来将会由用户全程参与到软件开发环节当中，由用户共同决策来制造他们想要的产品。也就是说，未来时代用户与软件开发者的界限会模糊起来，传统的软件开发模式也将面临巨变。这也是注定要诞生 P-BIM 软件的全新开发模式。

P-BIM 建筑工程软件系统是一款覆盖建筑项目全生命期的庞大软件，由成百上千个独立功能的 "构件（独立功能软件）" 组成，构件间由总 BIM、分 BIM 及子 BIM 组成分布式数据结构系统，并按工作流程使信息关联，是典型的用互联网思维做出的产品。就像凯文凯利在《技术元素》中描述的维基百科，底层有无限的力量，只要加入一些自顶向下的游戏规则，两者结合后就会爆发出惊人的力量。在设计阶段，P-BIM 自顶向下的游戏规则就是建筑设计总 BIM 向下分配任务，在施工阶段则是施工组织总设计；分项工程子 BIM 就是底层的力量。

第十四章 P-BIM 信息架构研究纲要

P-BIM 信息架构是能够制定建筑和基础设施在全生命期内数据交换的一套前后一致的互操作性标准的最重要和最主要的步骤之一。为了实现这一愿景，有必要制定一套端到端（end-to-end）的整体框架和最佳实践路线图，即为 BIM 利益相关各方提供一套涵盖建筑设施的规划、管理、设计、工程施工、运行和使用全生命期的业务要求和数据功能要求的全面视图的树图。

P-BIM 信息架构的主要目的是帮助项目利益相关各方相关专业和管理人员获得完成工作任务需要且适用的 P-BIM 软件，并以此实现企业间、企业内或项目内的数据传递、整合、互操作，达到电子数据交换、管理和访问做到流畅且无缝对接。信息只需要输入电子系统一次，然后通过信息技术网络，让参与各方瞬间就能通过 P-BIM 软件按需自动提取。

在项目利益相关各方的 P-BIM 模型（总 BIM 模型、分 BIM 模型及子 BIM 模型的统称）中把建筑业的主要参与者用 P-BIM 软件连接起来。通过研究全生命期的所有任务并按此划分 P-BIM 软件功能，将不同功能 P-BIM 软件分布于项目信息架构的关联 P-BIM 模型工作并使每个 P-BIM 模型及软件信息相互无缝连接。使项目利益相关各方的 P-BIM 软件能够获得端到端信息。

P-BIM 信息架构研究成果将协助国际 BIM 技术发展，制定一套端到端的整体框架和最佳实践路线图；也将用作规划、沟通和确定范围的工具（因为它显示了项目各"P-BIM 模型"的交集点和边界），能够在项目 P-BIM 框架内进行各功能区的集成、互操作和传输。研究方法是将现有工作及最佳实践按照"MBS"方法制成文件，打造提供企业功能和管理内容的端到端框架。

P-BIM 信息架构研究是一项庞大的研究项目，P-BIM 信息架构研究纲要包括项目参与方、项目信息流程模型、信息交换主元素、信息流程模型 P-BIM 模型视图、分解活动模型图、项目企业管理信息主元素及 P-BIM 交换信息云概念等方面，分述如下。

1. 项目全生命期主要参与方

根据目前我国工程建设与管理实践，项目主要参与方如表 14-1 所示。

项目全生命期主要参与方及其编号　　　　　　　　　　　　表 14-1

项目主要参与各方	业主	设计院	规划局	住建局	安监站	监理企业	质监站	施工企业
参与方编号	A	B	C	D	E	F	G	H

2. 项目全生命期信息流程模型及其编号

项目（建筑/设施）全生命期信息流程模型，即事件跟踪描述或业务流程模型，如表14-2 所示。

项目全生命期信息流程模型及其编号 表 14-2

模型名称	策划模型	规划模型	设计模型	合约模型	周计划模型（To Do）	日实施模型（Doing）	竣工模型（Done）	运维模型
模型编号	1	2	3	4	5	6	7	8
建模者	业主	规划师	设计师	施工企业总部	项目部	项目部	项目部	物业管理者

项目全生命期信息流程模型的开发参考了基于美国国家 BIM 标准（NBIMS）V1 第 1 部分的模型视图定义，并提供了设施全生命期信息流的逻辑顺序。

信息流程模型的目的是提供业务流程步骤的按命令顺序检查（sequence-ordered examination），从而实现一个业务场景或业务环境。

信息流程模型显示了一系列的按顺序执行的业务步骤，或并行地对业务事件做出响应，最终生成一个特定的业务结果。流程模型的其他目的包括：

- 使业务规则与具体的业务流程一致；
- 建立受控的、系统的传输基础；
- 建立衡量实现传输目标进展的基础；
- 建立测试评价传输方案的关键标准；
- 链接数据、元数据和相关信息或事务类型到特定的业务流程。

信息流程模型的开发采用了业务流程"任务 P-BIM 软件功能及信息交换标准（M-MID 标准）"。该系列标准是由项目内部组织、跨行业企业和政府部门用来制作业务流程文档，由中国 BIM 发展联盟推动。

M-MID 标准为项目内部、跨机构建模协作而专门制定，支持面向服务的构架（SOA，Service-Oriented Architecture）的落实（图 14-1）。SOA 是面向服务的体系结构，是一个组件模型，它将应用程序的不同功能单元（称为服务）通过这些服务之间定义良好的接口和契约联系起来。接口是采用中立的方式进行定义的，它应该独立于实现服务的硬件平台、操作系统和编程语言。这使得构建在各种这样的系统中的服务可以以一种统一和通用的方式进行交互。虽然 SOA 不是一个新鲜事物，但它却是更传统的面向对象模型的替代模型，面向对象的模型是紧耦合的，已经存在二十多年了。虽然基于 SOA 的系统并不排除使用面向对象的设计来构建单个服务，但是其整体设计却是面向服务的。由于它考虑到了系统内的对象，所以虽然 SOA 是基于对象的，但是作为一个整体，它却不是面向对象的。不同之处在于接口本身。

M-MID 标准是一套供所有业务利益相关方（包括创建和完善流程的业务分析师、负责设计和开发支持流程的软件工具的技术人员以及执行、管理和监控的业务经理）都可以理解的标准符号。因此 M-MID 标准作为共同语言，为业务流程设计与执行之间经常发生的差距搭建沟通的桥梁。

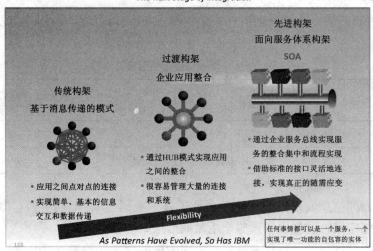

图 14-1　IT 构架的演变

3. 项目全生命期信息流程模型创建与应用信息交换主元素表及其应用

为便于信息流程模型创建与应用信息交换，建立项目全生命期信息流程模型创建与应用信息交换主元素编码如表 14-3 所示。

项目全生命期信息流程模型创建与应用信息交换主元素表　　　　表 14-3

企业服务总线	策划 1	规划 2	设计 3	合约 4	周计划 5	日实施 6	竣工 7	运维 8
策划 1	11	12	13	14	15	16	17	18
规划 2	21	22	23	24	25	26	27	28
设计 3	31	32	33	34	35	36	37	38
合约 4	41	42	43	44	45 To Do	46 Doing	47 Done	48
周计划 5	51	52	53	54	55	56	57	58
日计划 6	61	62	63	64	65	66	67	68
竣工 7	71	72	73	74	75	76	77	78
运维 8	81	82	83	84	85	86	87	88

表中元素 31 及 13 分别代表设计模型交付策划模型及策划模型交付设计模型的数据文件编号，其余类推；斜对角线上的元素 11，22，33，44，55，66，77，88 分别代表信息流程模型创建及应用的服务总线。

利用表 14-3，设计模型创建与应用的服务总线可以表达为图 14-2，项目全生命期信息流程模型创建与应用的服务总线可以表达为图 14-3 模式。

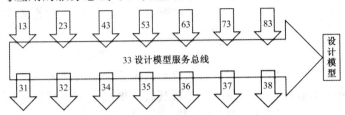

图 14-2　设计模型服务总线

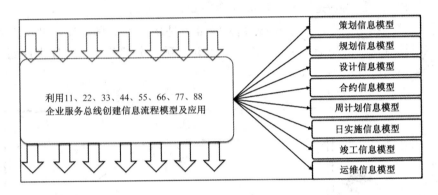

图 14-3　项目全生命期信息流程模型服务总线

4. 项目信息流程模型 P-BIM 模型树图

P-BIM 模型是数据模型。创建数据模型或单个集成数据模型是支持利益相关各方开发更加合理、基于可以作为项目 P-BIM 树图的主要要求和产品之一。开发数据模型，无论是在逻辑层面——即数据要求和结构性业务流程（活动）规则，还是在物理层面——即逻辑数据模型实体的物理实现格式，例如，信息格式、文件结构、物理架构将需要系列《P-BIM 软件功能及信息交换标准》推动的各种信息交换中的数据转换成链接到分解活动模型的信息交换的数据模型，将被链接到树图的活动，活动又被映射到流程步骤、信息交换和流程模型的数据对象。数据模型将有助于明确谁在创建数据、谁在使用数据，并有助于确保信息不是重新收集，而是重复使用，并在设备全生命期内不断完善。

（1）P-BIM 数据模型

● 通过提供一套 P-BIM 模型树图内使用的统一的数据定义来实现数据资源的有效管理。

● 捕获 P-BIM 模型树图内描述数据需求结构的业务规则。

● 用作数据参考框架，以支持业务领域与外部机构（企业管理）之间的数据共享。

本质上，数据模型就实体来说，是描述 P-BIM 模型树图数据的结构以及作为属性的特征。数据模型提供实体的大量定义及属性，并捕捉管理这些实体及其属性之间相互关系的结构性业务规则。

（2）P-BIM 数据模型范围

- 概念数据模型——所需的高级别数据概念和它们之间的关系。
- 逻辑数据模型——数据要求和结构性业务流程（活动）规则的文件。
- 物理数据模型——逻辑数据模型实体的物理实现格式，例如，信息格式、文件结构、物理架构。

概念数据模型用于概念细化和利益相关方对数据和信息需求的理解。模型中描述的实体和属性被细化成逻辑数据模型，在此实体及其属性根据标准化规则加以重组。这一步的目的是为了捕获所有数据和信息要求，然后生成记录在物理数据模型中的物理事务和数据库架构。这一流程是可逆的，只要保持模型的完整性，从概念数据模型开始或物理数据模型开始都是可以的，因为它是正向和反向（双向）设计的。

项目信息流程模型 P-BIM 模型树图（图 14-4）是从项目信息流程模型层面对一个业务功能区域的业务活动的功能层次进行分解。它定义项目分解范围，并提供规划、确定范围和业务传输所需的环境和内容。

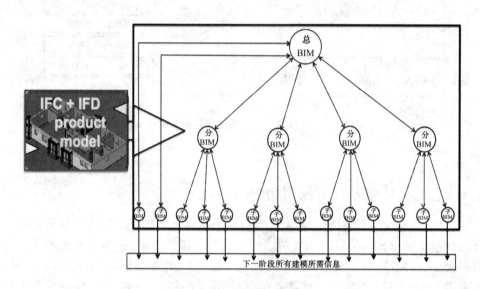

图 14-4　项目信息流程模型 P-BIM 模型树图

树图约束活动的关系，被用来将业务活动模型分解到必要的确定跨功能信息交换的层面。例如，在项目信息流程模型 P-BIM 模型树图中，项目的每个信息流程模型的所有活动被分解到不同的空间或流程，所有活动的信息交换、数据和元数据都是可见的、确定的层面。项目信息流程模型 P-BIM 模型树图包括界定建筑工程项目信息的必要母本核心数据库，它定义了建筑工程流程模型母本核心数据库的层次关系，但不包括如何实现的顺序。它包括与建筑全生命期——管理、规划、设计、施工和运维（策划、规划、设计、合约、周计划、日实施、竣工、运维）相关的流程模型核心功能，是有层次的分解，意味着它将每个信息流程模型母本核心功能分解为相关的子活动节点，提供了更为明确的范围和规划所需的粒度层次。项目信息流程模型 P-BIM 模型树图是用来定义需要进一步细查的活动的时机或活动之间的信息依赖关系，也是用来确认相关的信息交换及相关的数据和元数据。

图 14-4 中的分 BIM，对于建筑工程项目可以按照施工工序和工作面分解为地基、结构、机电、内装、外装、室外六个分项目，对应为六个分 BIM。

项目信息流程模型 P-BIM 模型树图可按 MBS 方法建立。

5. P-BIM 分解活动模型图

按信息流程模型的 P-BIM 模型树图确定后，要创建由研讨会/利益相关方会议（组织编制 M-IDM 标准）所确认的每个业务活动的包括输入、控制、输出，机制（ICOMs）在内的分解活动模型图。将《NBIMS》的"BIM 关系图"的外围活动软件设定为不同的功能软件，项目全生命期的所有业务活动（项目各相关方）及信息传递将在正确的分解和定义层次模型上加以定义和表示（图 14-5）。

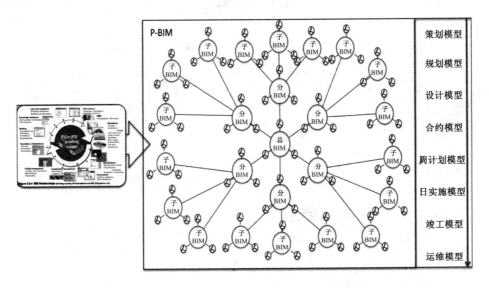

图 14-5　P-BIM 分解活动模型图（人：人用某一功能软件）

6. P-BIM 模型信息交换框架组织与 NBIMS 信息交换框架组织对比

图 14-5 所示的各信息流程模型 P-BIM 模型树图信息由其工作任务生成，工作任务软件与树图关系如图 14-6 所示。

每个工作任务软件都将制定 M-IDM（P-BIM 软件功能与信息交换标准）。

根据信息流程模型 P-BIM 模型树图（图 14-4）和分解活动模型图（图 14-5）可以得出 P-BIM 信息交换框架组织，与 NBIMS 信息交换框架组织（图 1-8）对比得出图 14-7。

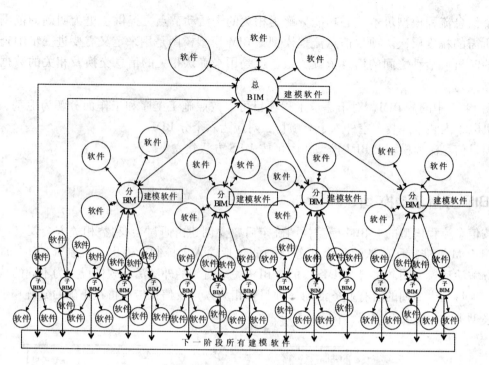

图 14-6　阶段工作任务软件与 P-BIM 模型树图关系

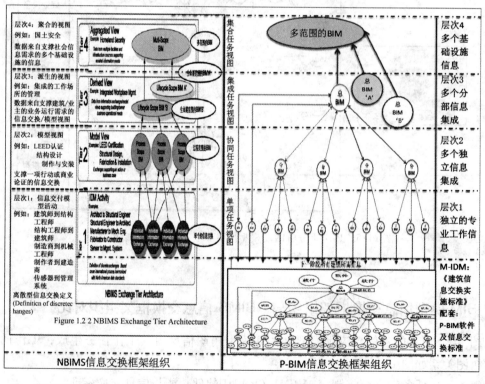

注：右下角图的总 BIM、分 BIM、子 BIM 与软件的关系如图 14-6 所示。

图 14-7　NBIMS 与 P-BIM 信息交换框架组织对比

从图14-7可见，NBIMS是为"点应用"建立模型视图，建模与任务分离；P-BIM是为项目全生命期的所有应用软件建立模型视图，建模与任务一体化。

7. 项目全生命期信息流程模型与项目企业管理信息交换主元素表及其应用

表14-1所示项目全生命期主要参与方项目企业管理所需信息可以从各信息流程模型中提取与反馈，项目全生命期信息流程模型与项目企业管理信息交换主元素如表14-4所示。

项目全生命期信息流程模型与项目企业管理信息交换主元素　　　　表14-4

企业服务总线	策划 11	规划 22	设计 33	合约 44	周计划 55	日计划 66	竣工 77	运维 88
业主管理 A	11A A11	22A A22	33A A33	44A A44	55A A55	66A A66	77A A77	88A A88
设计管理 B	11B B11	22B B22	33B B33	44B B44	55B B55	66B B66	77B B77	88B B88
规划局管理 C	11C C11	22C C22	33C C33	44C C44	55C C55	66C C66	77C C77	88C C88
住建局管理 D	11D D11	22D D22	33D D33	44D D44	55D D55	66D D66	77D D77	88D D88
安监站管理 E	11E E11	22E E22	33E E33	44E E44	55E E55	66E E66	77E E77	88E E88
监理企业管理 F	11F F11	22F F22	33F F33	44F F44	55F F55	66F F66	77F F77	88F F88
质监站管理 G	11G G11	22G G22	33G G33	44G G44	55G G55	66G G66	77G G77	88G G88
施工企业管理 H	11H H11	22H H22	33H H33	44H H44	55H H55	66H H66	77H H77	88H H88

表中第一列元素A、B、C、D、E、F、G、H分别代表项目主要参与各方项目企业管理信息创建和应用的服务总线，表中其他元素如33D及D33分别代表设计模型交付D管理及D管理交付设计模型的数据文件编号，其余类推。

利用表14-4，业主项目企业管理信息创建和应用服务总线可以表达为图14-8。

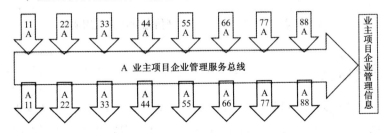

图14-8　业主项目管理信息创建与应用服务总线

项目主要参与各方多项目企业管理信息创建是基于多个单项信息集合，项目主要参与各方多项目企业管理信息创建和应用服务总线可表达为图14-9。

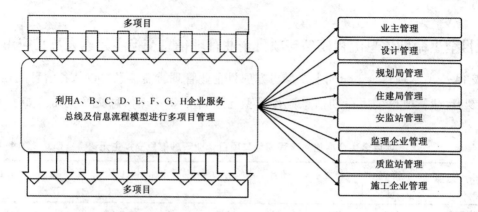

图14-9 项目主要参与各方多项目企业管理信息创建和应用服务总线

如业主多项目企业管理信息创建和应用实施形式如图14-10所示，其他类推。

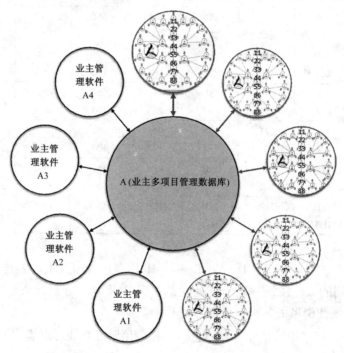

图14-10 业主多项目企业管理信息创建和应用实施

8. P-BIM 云服务概念

P-BIM 工作方式应确保项目建模者的知识产权、信息安全及项目业主及企业信息安全。为了实现这一 P-BIM 战略，项目信息流程模型 P-BIM 模型树图的完成/定义，入选"范围"的相关信息交换活动的完全分解（输入、控制、输出，机制），填入所需的数据、元数据、系统功能和其他，利用多类别的系统数据交换信息是属于用来确定节点/活动（任务及子任务）将生成什么建筑信息、哪些信息要放进哪类"云"，从而提供利益相关各方分享信息、保密信息的主要任务。

P-BIM 软件数据成果被分为三类存储（图 14-11），即私人云、企业云和公有云（P-BIM 项目信息交换云）。

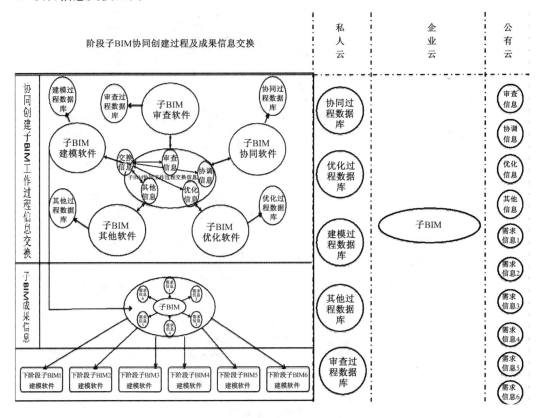

图 14-11 P-BIM 软件数据成果分类存储定义

根据表 14-1 和表 14-2，项目全生命期 BIM 实施可表达为图 14-12。

P-BIM 云服务概念是将图 14-12 中的软件功能与需要交换的信息分离，并按三种不同保密级别的云存储方式保存。

（1）P-BIM 公有云

存储于 P-BIM 公有云的所有数据集合不能构成完整的项目或分项目信息模型，将所有协同工作需要的交换数据放入公有云（项目信息交换云），由相关协同工作软件读取，图 14-13 的所有的信息交换文件采用表 14-3 及表 14-4 为主元素代表的扩展交换文件名称进行编号（图 14-13）。

（2）P-BIM 企业云

存储于 P-BIM 企业云的所有数据集合能构成完整的项目或分项目信息模型，将所有协同工作的交付成果放入 P-BIM 企业云，由相关集成（合）工作软件读取交付完成企业合同任务及企业归档资料。

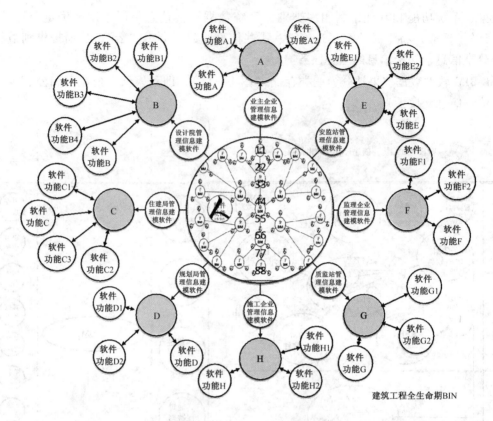

图 14-12　建筑工程项目全生命期 BIM 实施

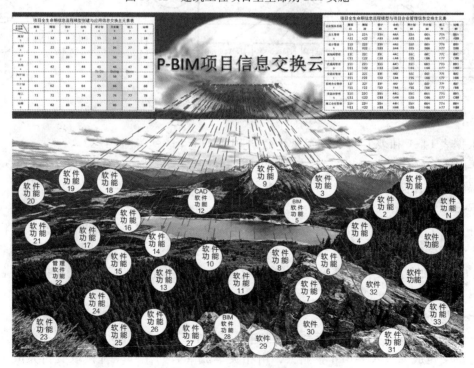

图 14-13　P-BIM 公有云

(3) P-BIM 私人云

存储于 P-BIM 私人云的所有数据，专业或分项工作任务执行者自己完成专业或分项工程信息模型及其所有协同工作过程数据，由任务执行者自己保存，也是积累个人专业或分项工程经验的重要数据。

9. P-BIM 信息架构研究组织

在以上所列 P-BIM 信息架构研究纲要基础上开展 P-BIM 信息架构研究需要一个组织者，这个组织者就是中国 BIM 发展联盟（国家建筑信息模型（BIM）产业技术创新战略联盟）。

中国 BIM 发展联盟是为推进我国 BIM 技术、标准和软件协调配套发展，实现技术成果的标准化和产业化，提高产业核心竞争力而成立的非营利组织。中国 BIM 发展联盟的宗旨包括但不限于：筹集 BIM 应用技术与标准研发资金；建设 BIM 应用技术、标准、软件技术创新平台；加强 BIM 产学研用技术交流与合作。

中国 BIM 发展联盟现有中国建筑科学研究院、上海市建筑科学研究院（集团）有限公司、中建三局第一建设工程有限责任公司、浙江省建工集团有限责任公司、中铁四局集团有限公司、北京理正软件股份有限公司、广东同望科技股份有限公司、欧特克软件（中国）有限公司、上海建工集团股份有限公司、中国建筑股份有限公司、清华大学、中建三局安装工程有限公司、南京市建筑设计研究院有限责任公司为常务理事单位；中冶建筑研究总院有限公司、上海市建设工程监理咨询有限公司为理事单位，共 15 家联盟成员（图14-14）。

联盟常务理事单位：

  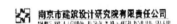 

联盟理事单位：

图 14-14

中国 BIM 发展联盟自成立以来，创新性地提出了"P-BIM"理念；筹措了合作创新项目经费近 2000 万元，组织实施了项目研究 1 项、课题研究 3 项、子课题研究 29 项，参与单位共达 132 家；2013 年还通过中国工程建设标准化协会立项组织启动了 21 部 P-BIM 系列标准的编制。各项工作取得了丰硕成果。

中国 BIM 发展联盟将继续致力于我国 BIM 技术、标准和软件研发，努力为中国 BIM

的应用提供支撑平台。根据联盟发展战略计划，2016 年启动全生命期建筑工程项目 P-BIM 信息架构研究，创建利益相关各方相关专业和管理参与的 P-BIM 活动模型，编制中国土木工程学会《建筑工程信息交换实施标准》作为指导项目全生命期系列 P-BIM 软件开发及系列《P-BIM 软件功能及信息交换标准》的指导文件，逐步形成完整的 P-BIM 软件信息交换手册（M-IDM），这将是中国未来整个（建筑）设施行业信息关系的基础，也是真正信息互操作的基础，以此建造中国 BIM 大厦（图 14-15）。

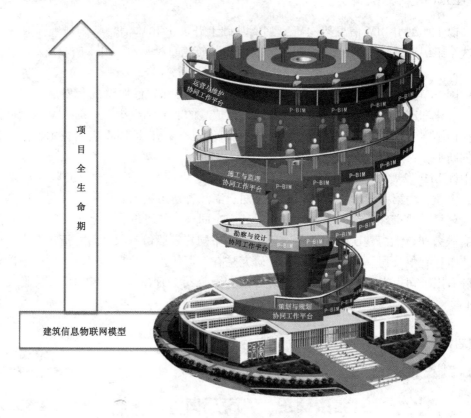

图 14-15　中国 BIM 大厦

中国 BIM 事业发展需要全行业的共同努力，中国 BIM 发展联盟欢迎国内外同行加入中国 BIM 落地研究，实现中国 BIM 落地。